U0156299

高等院校程序设计系列教材

Java语言程序设计 上机实验

吕凯 主 编

孙英慧 曹冬雪 罗琳 副主编

清華大学出版社
北 京

内 容 简 介

本书是清华大学出版社出版的教材《Java 语言程序设计》的配套用书,也可独立作为上机用书。本书共 13 章,基本与《Java 语言程序设计》教材中的各章节一一对应。本书针对 Java 程序设计的初级及高级操作,精心设计了各章的实验,每章都包含若干上机实验题,实验题目由内容、思路、代码和运行结果组成。实验内容由浅入深、循序渐进、知识点全面,并有目的地针对学习 Java 语言过程中遇到的重点和难点进行讲解与指导,强调实用性和易学性,可以帮助学生进一步熟悉和掌握 Java 语言的语法知识及程序设计的方法。自测题为学生提供了额外的编程题目,以帮助学生更快地提高编程水平。

本书可作为高等院校计算机及相关专业 Java 语言和面向对象程序设计课程的实训教材,也可作为进行项目设计和毕业设计的参考书,还可作为培训用书和 Java 初学者的入门书。

本书封面贴有清华大学出版社防伪标签,无标签者不得销售。

版权所有,侵权必究。 举报:010-62782989,beiqinquan@tup.tsinghua.edu.cn。

图书在版编目(CIP)数据

Java 语言程序设计上机实验/吕凯主编. —北京:清华大学出版社,2024.5
高等院校程序设计系列教材
ISBN 978-7-302-65820-7

Ⅰ.①J… Ⅱ.①吕… Ⅲ.①JAVA 语言-程序设计-高等学校-教材 Ⅳ.①TP312.8

中国国家版本馆 CIP 数据核字(2024)第 054403 号

责任编辑:袁勤勇 杨 枫
封面设计:常雪影
责任校对:王勤勤
责任印制:沈 露

出版发行:清华大学出版社
　　　网　　　址:https://www.tup.com.cn,https://www.wqxuetang.com
　　　地　　　址:北京清华大学学研大厦 A 座　　　　　　邮　　编:100084
　　　社 总 机:010-83470000　　　　　　　　　　　　邮　　购:010-62786544
　　　投稿与读者服务:010-62776969,c-service@tup.tsinghua.edu.cn
　　　质量反馈:010-62772015,zhiliang@tup.tsinghua.edu.cn
　　　课件下载:https://www.tup.com.cn,010-83470236
印 装 者:三河市龙大印装有限公司
经　　销:全国新华书店
开　　本:185mm×260mm　　　　印　　张:13　　　　字　　数:318 千字
版　　次:2024 年 5 月第 1 版　　　　　　　　　　　印　　次:2024 年 5 月第 1 次印刷
定　　价:46.00 元

产品编号:101359-01

前 言

　　Java 程序设计是计算机类专业的核心课程,是一门实践性很强的课程,仅通过阅读教科书或听课是不可能完全掌握的,学习的一个有效方法就是多上机实践。本书从实际教学出发,加强了对 Java 语言的重点和难点的指导,在实践过程中,强化学生对理论知识的认识,使学生掌握 Java 语言的基本语法和程序设计的基本方法,让学生基本具备使用 Java 语言开发系统的能力,并培养学生解决实际问题的能力。

　　本书是与《Java 语言程序设计》(ISBN 978-7-302-56595-6)配套的实践教程,目的是为学习提供一些指导,为提高学生的编程能力助一臂之力,使学生在实践的过程中少些曲折和彷徨,多些成功的乐趣。为了使学生在上机实验时目标明确,本书针对课程内容编写相对应的实验。为了方便不同背景和实验学时的学生使用,大部分实验都是独立性的实验,在教学过程中,教师可以根据实际情况进行适当选择。由于 Java 语言的知识点众多,因此本书将实验着重放在 Java 语言的重点和难点上,对学习过程中容易混淆的概念、容易忽视的要点进行详细指导。在长期的 Java 语言教学过程中,我们发现学生总是不能将课堂上学到的知识有效地应用于实际编程中,对于遇到的许多问题无从下手,学习效果不佳。针对这些问题,本书中的每个实验后面都给出了详细的实验指导,可以加深学生对所学知识的理解和掌握,从而激发学生的学习兴趣,并为以后更深入地学习 Java 程序设计打下扎实的基础。

　　本书既吸收了一些基础性的内容,又有一定的实践项目,逐步介绍 Java 的各知识点以及程序设计技巧。这样,由起步到简单程序设计,一步一步引导;由简单程序到复杂程序,一步一步解析;由基础知识到编程技巧,逐步讲解,步步验证,使学生既熟悉了 Java 的基础知识,又掌握了大型程序的开发方法。因此,学生只要按部就班地完成每章的实验内容,就能对相应章节的知识有所巩固,并且在读懂每章给出的知识点和实例的基础上完成一系列项目实践的基本训练,就可以对一些较具规模的 Java 项目有一定的体验,为开发较大型的 Java 项目打下基础。

　　本书集知识性、实践性和操作性于一体,具有内容安排合理、层次清楚、图文并茂、通俗易懂、实例丰富等特点。

　　本书由吉林师范大学吕凯任主编,孙英慧、曹冬雪、罗琳任副主编。其中第 1～8 章由吕凯编写,第 9～11 章由孙英慧编写,第 12 章由罗琳编写,第 13 章由所有参编人员共同编写,全书由曹冬雪统一负责校对。

　　由于时间仓促、水平有限,书中不足之处在所难免,恳请读者批评指正。

编　者

2024 年 1 月

高等院校程序设计系列教材

目 录

Java 简介

实验目的：

◆ 掌握下载和安装 JDK。

◆ 掌握配置 JDK 环境变量。

◆ 掌握安装 Eclipse 并调试程序。

1.1 JDK 开发工具

Oracle 公司提供的 JDK(JavaSE Development Kit)是 Java 的标准开发包，提供了编译、运行 Java 程序所需的各种工具和资源，包括 Java 的编译器、解释器以及 Java 类库。JDK 是整个 Java 开发环境的核心，没有 JDK 就无法运行 Java 程序的开发工作。

实验 1-1　安装 JDK

本书以 JDK 8 为例介绍 JDK 的安装方法。可以在 Oracle 的官网上下载 JDK 8，地址是 http://www.oracle.com，具体步骤如下。

(1) 关闭其他正在运行的程序，双击 jdk-8u131-windows-x64.exe 文件开始安装，弹出如图 1-1 所示的 JDK 安装向导界面，单击"下一步"按钮。

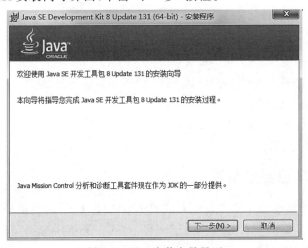

图 1-1　JDK 安装向导界面

（2）在图 1-2 中，安装了全部的 JDK 功能，包括开发工具、源代码、公共 JRE 等。用默认路径即可，也可以自己修改安装路径。单击"下一步"按钮。

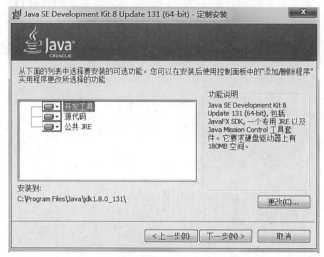

图 1-2　JDK 安装功能及位置选择

（3）在图 1-3 中，显示的是 JDK 的安装进度。

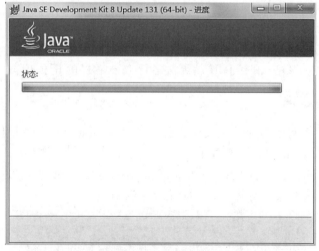

图 1-3　JDK 的安装进度

（4）在第（2）步已经选择了安装公共 JRE，图 1-4 中显示的是 JRE 安装路径修改界面，可以修改，也可以用默认路径。

（5）在图 1-5 中，显示的是 JRE 安装进度。

（6）在图 1-6 中，显示的是安装完成界面。单击"关闭"按钮。

实验 1-2　系统环境变量配置

安装 JDK 后，需要设置环境变量及测试 JDK 配置是否成功，具体步骤如下。

（1）在 Windows 桌面上右击"计算机"图标，在弹出菜单中选择"属性"命令，弹出如图 1-7 所示的基本信息界面，选择"高级系统设置"选项。

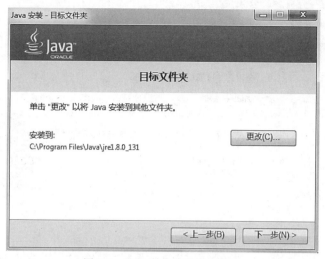

图 1-4　JRE 安装路径修改界面

图 1-5　JRE 安装进度

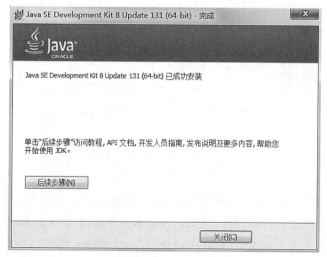

图 1-6　安装完成界面

图 1-7　系统基本信息界面

（2）在图 1-8 中，单击"环境变量"按钮。

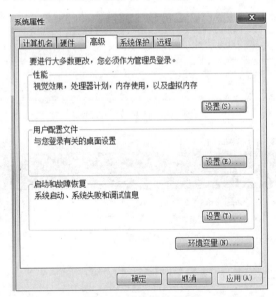

图 1-8　系统属性界面

（3）在图 1-9 中，单击"系统变量"界面下方的"新建"按钮，新建系统变量。

（4）在"新建系统变量"对话框的"变量名"文本框中输入 JAVA_HOME，在"变量值"文本框中输入 JDK 的安装路径 C:\Program Files\Java\jdk1.8.0_131，如图 1-10 所示。单击

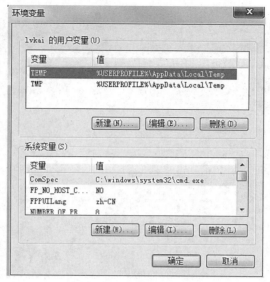

图 1-9　环境变量界面

"确定"按钮,完成环境变量 JAVA_HOME 的配置。

（5）在系统变量中查找 Path 变量,如果不存在,则新建系统变量 Path。选择该变量,单击"编辑"按钮,打开"编辑系统变量"对话框,如图 1-11 所示。

图 1-10　"新建系统变量"对话框

图 1-11　"编辑系统变量"对话框

在该对话框的"变量值"文本框的末尾添加以下内容:

```
;%JAVA_HOME%/bin;
```

注意:不能把原来 Path 中的其他内容删掉或进行修改,只能在原来基础上添加。

（6）单击"确定"按钮,返回"环境变量"对话框。在"系统变量"列表中查看 CLASSPATH 变量,如果不存在,则新建变量 CLASSPATH,变量的值为

```
.; %JAVA_HOME%\lib\tools.jar; %JAVA_HOME%\lib\dt.jar;
```

（7）JDK 程序的安装和配置完成后,可以测试 JDK 是否能够在机器上运行。

在"开始"→"运行"窗口中输入 cmd,将进入 DOS 环境中。在命令提示符后面直接输入 javac 后按 Enter 键,如果配置成功,则会出现当前 javac 命令相关的参数说明,如图 1-12 所示。

图 1-12   测试 JDK 是否成功

1.2   Java 集成开发环境 Eclipse

Eclipse 是一个基于 Java 的、开放源码的、可扩展的应用开发平台,为编程人员提供了一流的 Java 集成开发环境(Integrated Development Environment,IDE)。它是一个可以用于构建集成 Web 和应用程序的开发平台,其本身并不提供大量的功能,而是通过插件来实现程序的快速开发功能。

Eclipse 是一个成熟的可扩展体系结构,它的价值还体现在为创建可扩展的开发环境提供了一个开发源代码的平台。这个平台允许任何人构建与环境或其他工具无缝衔接的工具,而工具与 Eclipse 无缝衔接的关键是插件。Eclipse 包括插件开发环境(Plug-in Development Environment,PDE),PDE 主要是针对那些希望扩展 Eclipse 的编程人员而设定的,这也是 Eclipse 最具魅力的地方。通过不断地集成各种插件,Eclipse 的功能在不断地发展,以便支持各种不同的应用。

实验 1-3   Eclipse 的安装和启动

Eclipse 的安装与启动的具体步骤如下。

(1) 可以从 Eclipse 的官方网站(http://www.eclipse.org)下载最新版本的 Eclipse。然后安装即可使用。

(2) Eclipse 初次启动时,需要设置工作空间,本书使用默认的目录,如图 1-13 所示。

在每次启动 Eclipse 时,都会出现设置工作空间的对话框。如果不需要每次启动都出现该对话框,可勾选 Use this as the default and do not ask again 选项,将该对话框屏蔽。

单击 Launch 按钮,即可启动 Eclipse,进入 Eclipse 工作台,如图 1-14 所示。

(3) 在 Eclipse 中选择 File→New→Java Project 命令,打开如图 1-15 所示的 New Java

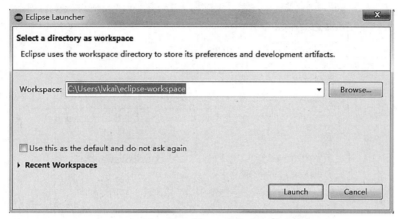

图 1-13　设置工作空间

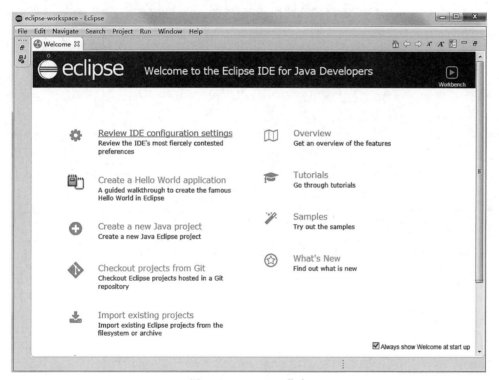

图 1-14　Eclipse 工作台

Project 对话框。

（4）在 Project name 框中输入 ExampleTest，然后单击 Finish 按钮，完成 Java 项目的创建，如图 1-16 所示。

（5）新建完 Java 项目以后，可以在项目中创建 Java 类，具体步骤如下。

① 在包资源管理器中，右击要创建 Java 类的项目，在从弹出的快捷菜单中选择 New/class 命令。

② 在弹出的 New Java Class 对话框中设置包名（这里为 com）和要创建的 Java 类的名称（这里为 HelloWorld），如图 1-17 所示。

图 1-15　New Java Project 对话框

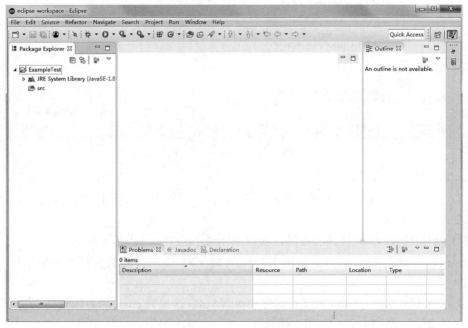

图 1-16　项目创建成功

图 1-17　New Java Class 对话框

③ 勾选"public static void main(String[] args)"选项。单击 Finish 按钮,完成类的创建,如图 1-18 所示。

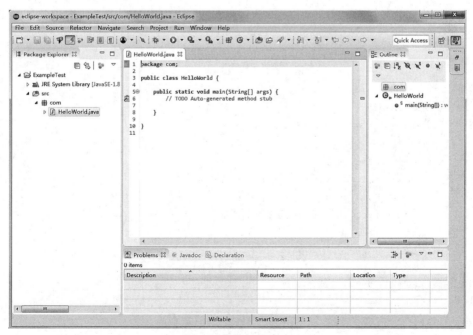

图 1-18　类创建成功

④ 在编译器中可以编写 Java 程序代码。编写 HelloWorld 类的代码，具体内容如下：

```
package com;
public class HelloWorld {
    public static void main(String[] args) {
        System.out.println("hello world");
    }
}
```

⑤ 单击 ▶ 按钮右侧的小箭头，在弹出的下拉菜单中选择 Run As/Java Application 命令。此时，程序开始运行，在控制台视图中将显示运行结果，如图 1-19 所示。

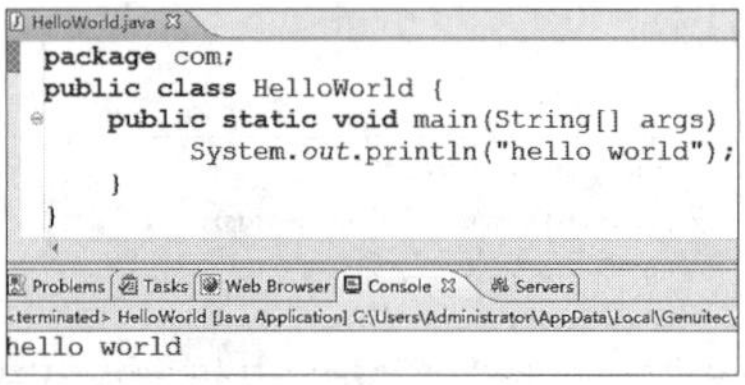

图 1-19　程序运行结果

实验 1-4　Eclipse 调试工具

程序调试是指需要在程序运行过程的某一阶段停下来观察程序的状态。一般情况下程序是连续运行的，因此进行调试的第一项工作就是设置断点，让程序运行到断点处可以暂停；然后启动调试模式运行程序；当程序在设立断点处停下来时，观察程序的状态，之后可以控制程序的运行，以进一步观察程序的走向。

下面通过一个实例来说明 Eclipse 的调试过程。该程序用于计算 1～m 的自然数之和，代码如下。

```
package one;
public class DebugDemo {
    static int num;
    public static void main(String args[]) {
        int sum=0;
        sum=getSum(100);
        System.out.println("1 到 100 的累加和为:"+sum);
        sum=getSum(200);
        System.out.println("1 到 200 的累加和为:"+sum);
    }
    static int getSum(int n) {
        num++;
        int i;
        int sum=0;
        for(i=0;i<=n;i++) {
            sum=sum+i;
```

```
        }
        return sum;
    }
}
```

在上例中,getSum()方法用于计算 1～m 的自然数之和;main()方法中两次调用 getSum()方法得到总和并输出结果。

1. 设置断点

所谓断点是调试器设置源程序在执行过程中自动进入中断模式的一个标记,当程序运行到断点时,程序中断运行,进入调试状态。程序运行到断点所在代码行时就会断开挂起,此时该行代码尚未运行,可以手动控制程序的执行过程。

1) 行断点(line breakpoint)

行断点是最基本的断点,当程序即将执行该行时会暂停挂起。通常把可能出现问题的行设置为行断点,以便观察程序状态。

Eclipse 设置行断点的方法有以下几种:①在行号处右击,选择 Toggle Breakpoint 命令;②在行号处双击,通过菜单栏选择 Run→Toggle Breakpoint 命令。通过双击行号处可以取消该行断点。

在代码区可以看到添加的行断点,如图 1-20 所示。

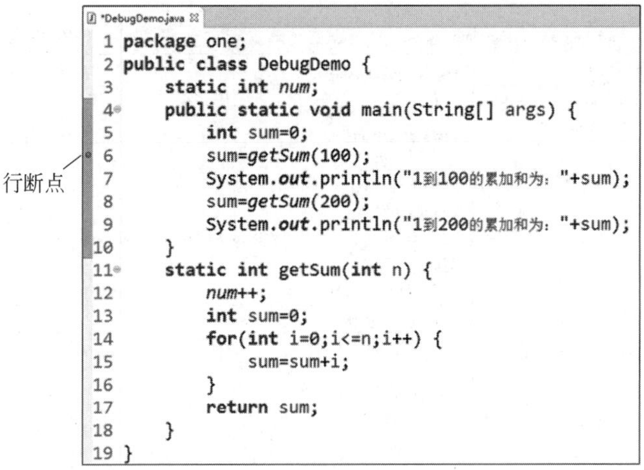

图 1-20　行断点

2) 方法断点(method breakpoint)

方法断点用于在执行或退出某个方法时挂起。在大纲视图中选中需要添加断点的方法后,右击,选择 Toggle Method Breakpoint 命令,或者在方法的行号处双击,即可设置方法断点,如图 1-21 所示。

可以在方法断点处右击,选择 Breakpoint Properties 命令,弹出方法断点的属性设置窗口。此处可以设置进入(Entry)方法时挂起或退出(Exit)方法时挂起,如图 1-22 所示。

3) 观察点(watchpoint)

观察点也叫作字段断点,用于在方法或修改属性值的时候挂起。在要添加断点的属性的行号处双击,即可设置观察点,如图 1-23 所示。

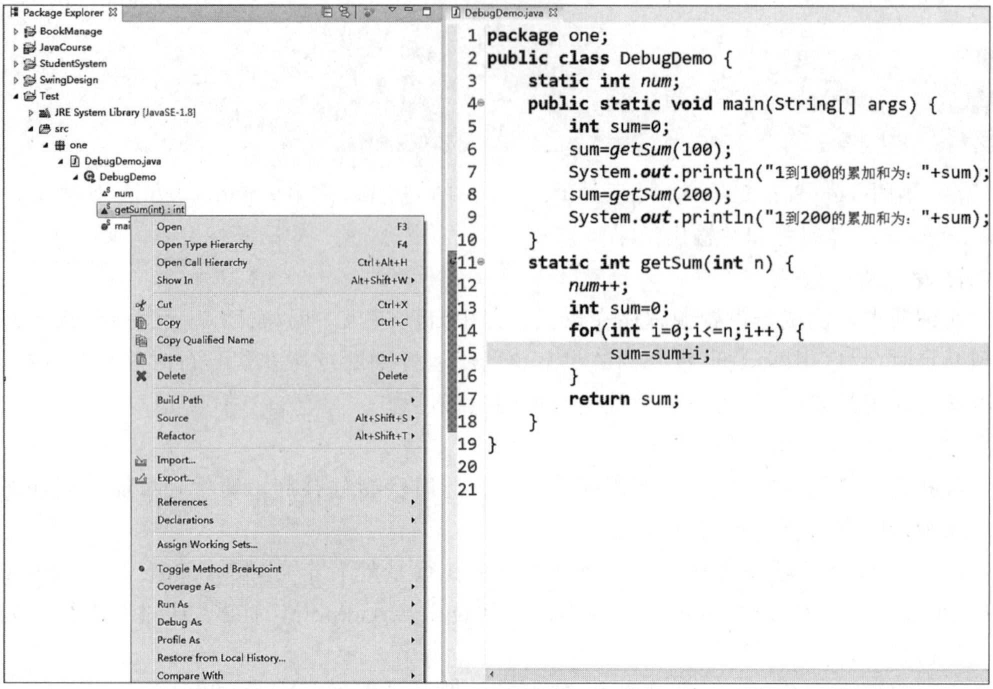

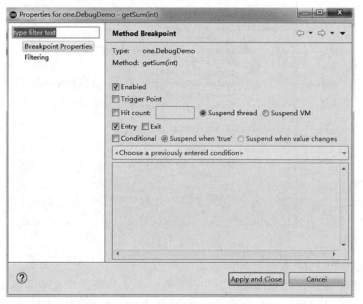

图 1-21　方法断点

图 1-22　设置方法断点属性

可以在观察点标记处右击，选择 Breakpoint Properties 命令，弹出观察点的属性设置窗口。此处可以设置属性被访问时挂起（Access）或被修改时挂起（Modification），如图 1-24 所示。

4）命中计数（hit count）

命中计数指的是为某个断点指定一个数字 n，当第 n 次遇到该断点时挂起。命中计数

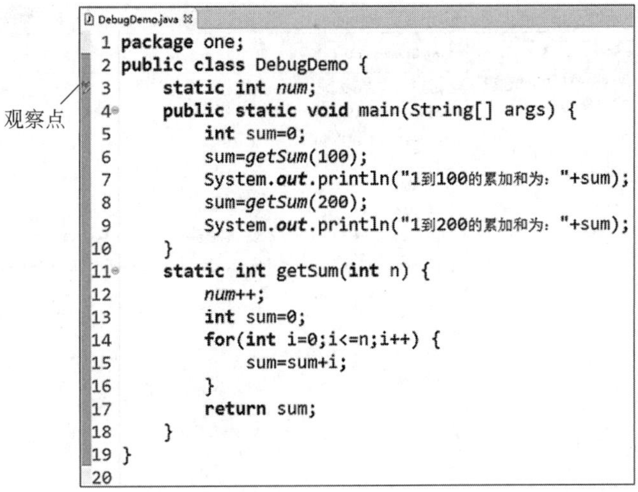

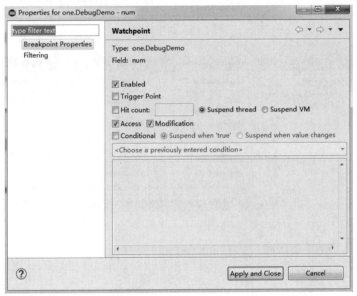

```
1  package one;
2  public class DebugDemo {
3      static int num;
4      public static void main(String[] args) {
5          int sum=0;
6          sum=getSum(100);
7          System.out.println("1到100的累加和为: "+sum);
8          sum=getSum(200);
9          System.out.println("1到200的累加和为: "+sum);
10     }
11     static int getSum(int n) {
12         num++;
13         int sum=0;
14         for(int i=0;i<=n;i++) {
15             sum=sum+i;
16         }
17         return sum;
18     }
19 }
20
```
观察点

图 1-23　观察点

图 1-24　设置观察点属性

可以应用于行断点、方法断点、观察点等，让程序按照断点处的执行次数挂起，避免重复控制执行过程的麻烦。

在断点标记处右击，选择 Breakpoint Properties 命令，弹出断点的属性设置窗口，选中 Hit count 复选框，在其后的输入框中输入数字，即可设置命中计数。如图 1-25 所示，该行断点执行 3 次时程序挂起。

5）条件断点(condition breakpoint)

条件断点是为某断点事先设置条件，当执行到该断点且满足条件时程序才会挂起。条件断点也可以用于行断点、方法断点、观察点等。在断点标记处右击，选择 Breakpoint Properties 命令，弹出断点的属性设置窗口，选中 Conditional 复选框，在其下的输入框中输入表示条件的表达式，即可设置条件断点，如图 1-26 所示，当 i＝＝3 时程序挂起。

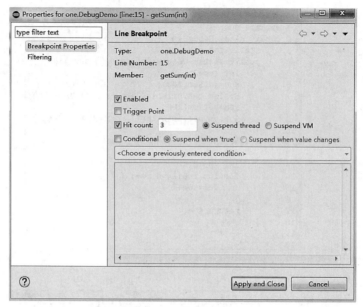

图 1-25　命中计数

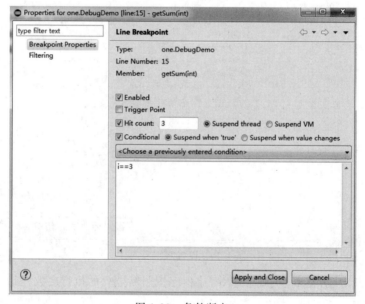

图 1-26　条件断点

2. 启动调试

设置好断点之后,可以通过单击工具栏上 ⚙ ▾ 按钮或者选择 Run→Debug 命令来启动调试,此时 Eclipse 自动切换到调试视图,如图 1-27 所示。

其中调试视图中以树形结构显示了正在调试的进程,如图 1-28 所示,可见在执行 DebugDemo.main()方法的第 6 行时遇到断点挂起。

变量视图显示了当前调试进程中各相关变量的当前值,程序员可以根据这些变量的值及其变化过程来判断此处是否存在逻辑错误,如图 1-29 所示。

图 1-27　Eclipse 的调试视图

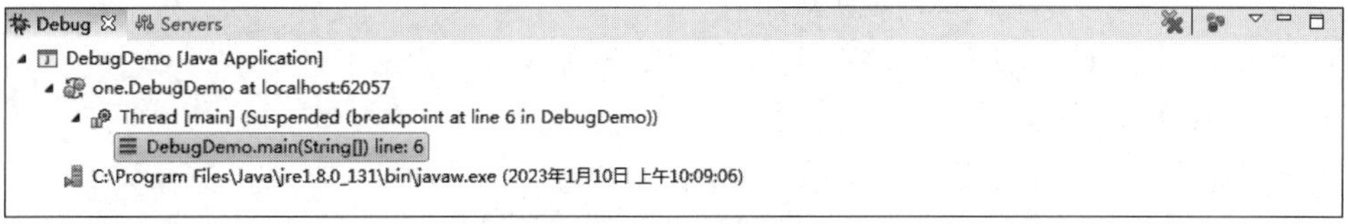

图 1-28　调试视图

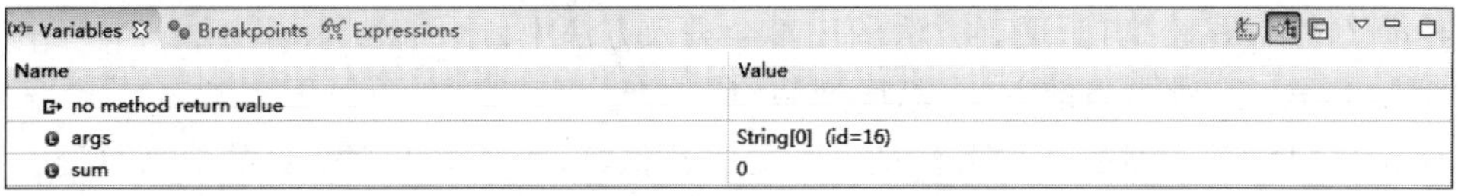

图 1-29　变量视图

简单变量的值可以在鼠标悬停其变量名上方时直接显示,如图 1-30 所示。

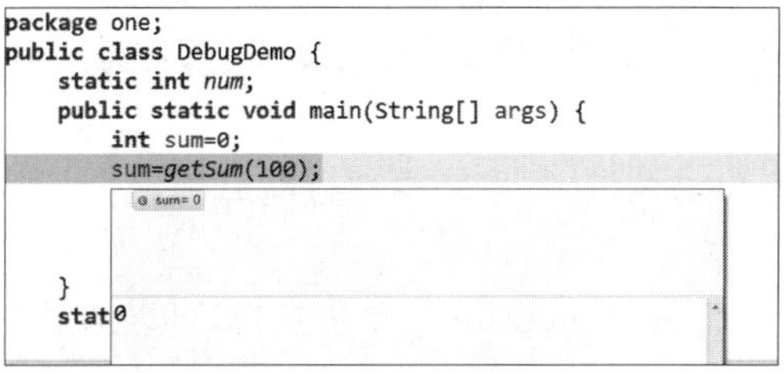

图 1-30　简单变量的值

表达式视图可以在程序运行时跟踪 Java 表达式的值,并显示结果。当程序遇到断点挂起时,可以利用表达式视图检查作用域内任何变量的实时值,如图 1-31 所示。

如果上述视图未在调试视图中显示,可以选择 Windows→Show View 命令并单击相应视图的名字,让未显示视图出现在调试视图中。

3. 控制程序的运行

程序在断点处挂起后,可以通过调试工具栏来控制程序的执行过程。调试工具栏如图 1-32 所示。

图 1-31　表达式视图

图 1-32　调试工具栏

各个按钮的含义如下：

Skip all breakpoints：跳过所有断点。

Resume：恢复暂停的线程，继续运行直到下一个断点。

Suspend：暂时挂起正在执行的线程。

Terminate：终止本地程序的调试。

Disconnect：断开远程连接，用于远程调试。

Step Into：单步执行，如遇到方法调用则进入方法中继续单步执行。

Step Over：逐行执行，遇到方法调用不会进入方法中。

Step Return：跳出当前方法，返回到调用层。

Drop to Frame：跳到当前方法的开始处重新执行，所有上下文变量的值恢复至方法被调用时的初值，方便对特定代码段进行多次调试。

Use Step Filters：在调试时如果需要忽略一些不关注的类，通过该按钮进行过滤。

此处以计算 1～m 的自然数之和的程序为例，介绍通过调试来控制程序的执行过程。程序中第 6 行设置了行断点，第 15 行设置了条件断点，条件是 sum==15。

显示调试的具体过程如下。

(1) 单击 Debug 按钮启动调试，程序在第 6 行断点处停下。此时代码界面和变量视图如图 1-33 和图 1-34 所示。

(2) 单击 Step Into 按钮，进入 getSum()单步执行，可以通过变量视图实时观察变量值 n 的变化，如图 1-35 所示。

(3) 单击 Resume 按钮，执行到第 15 行条件断点处停下，如图 1-36 所示。

(4) 单击 Step Return 按钮，返回到第 6 行调用语句。此时变量视图中变量 sum 的值尚未发生变化，如图 1-37 所示。

(5) 单击 Step Over 按钮，执行一行到第 7 行。此时变量视图中变量 sum 的值发生如下变化，即 getSum()方法返回值为 5050，如图 1-38 所示。

(6) 单击 Step Over 按钮，执行一行到第 8 行。单击 Step Over 按钮，执行一行到第 9 行。此时流程不再进入 getSum()中。

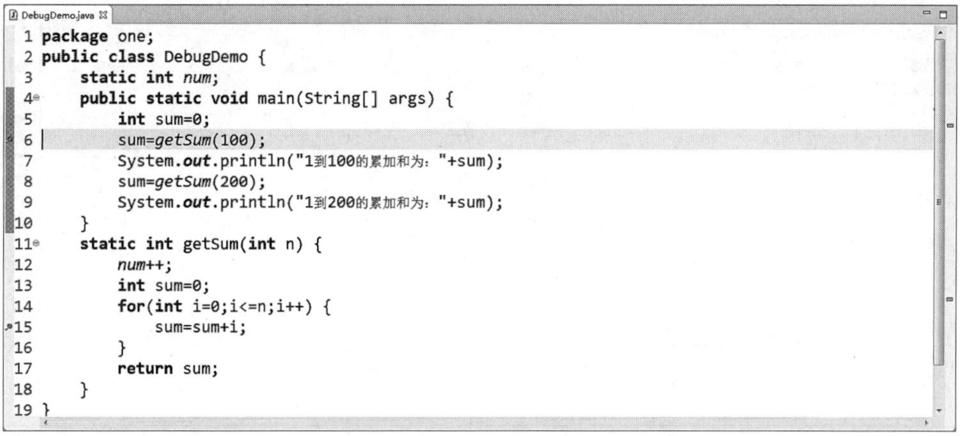

```
1  package one;
2  public class DebugDemo {
3      static int num;
4      public static void main(String[] args) {
5          int sum=0;
6          sum=getSum(100);
7          System.out.println("1到100的累加和为: "+sum);
8          sum=getSum(200);
9          System.out.println("1到200的累加和为: "+sum);
10     }
11     static int getSum(int n) {
12         num++;
13         int sum=0;
14         for(int i=0;i<=n;i++) {
15             sum=sum+i;
16         }
17         return sum;
18     }
19 }
```

图 1-33 代码界面

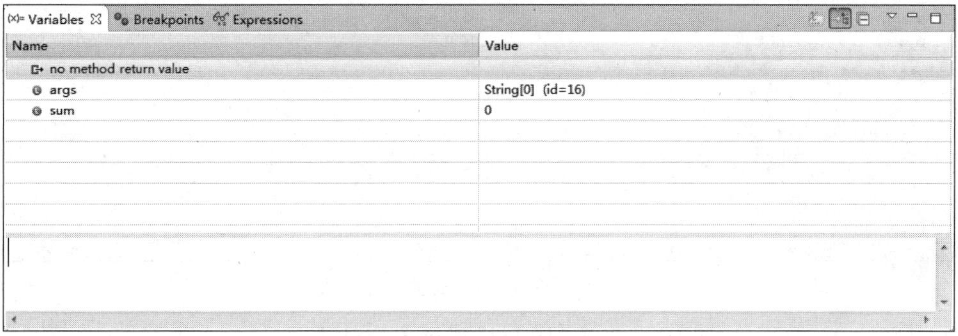

Name	Value
□+ no method return value	
⊙ args	String[0] (id=16)
⊙ sum	0

(x)= Variables ⊠ ●⊙ Breakpoints ⊙✗ Expressions

图 1-34 变量视图

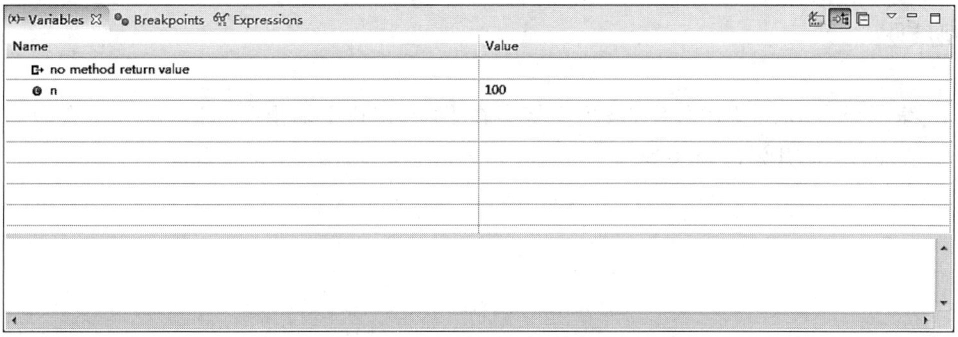

Name	Value
□+ no method return value	
⊙ n	100

(x)= Variables ⊠ ●⊙ Breakpoints ⊙✗ Expressions

图 1-35 变量视图中变量值 n 的变化

Name	Value
□+ no method return value	
⊙ n	100
⊙ sum	15
⊙ i	6

(x)= Variables ⊠ ●⊙ Breakpoints ⊙✗ Expressions

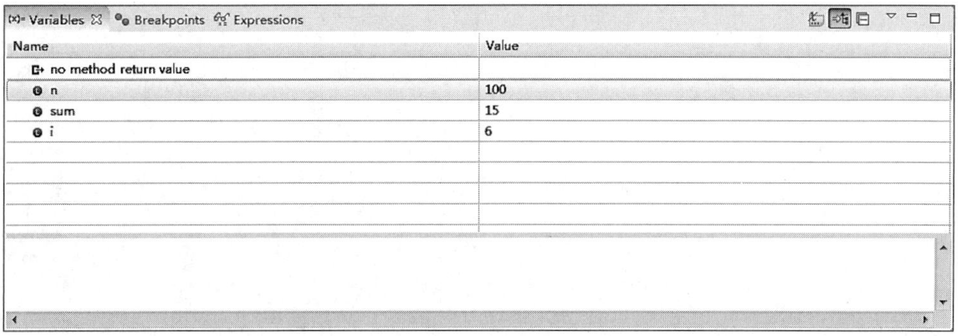

图 1-36 条件断点

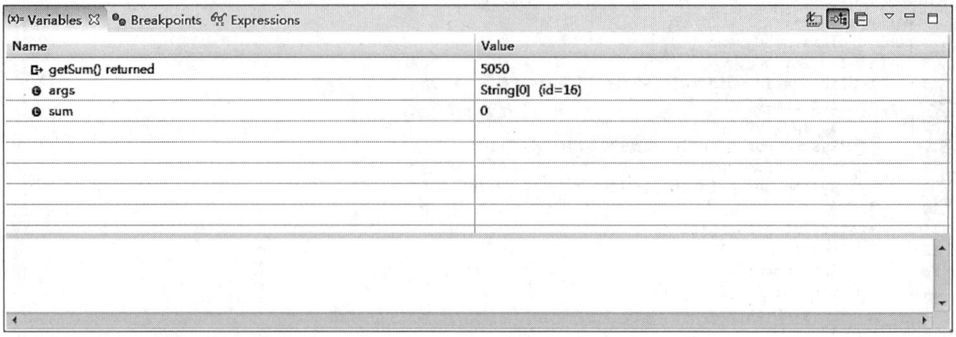

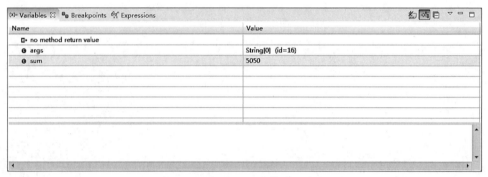

图 1-37　变量 sum 的值

图 1-38　变量 sum 的值发生变化

（7）单击 Resume 按钮，再无断点，因此执行到程序结束。

自测题

1. 编写一个 Java 应用程序，该程序将会在 DOS 窗口下输出一句话"Java 很有趣!"。

2. 在 Eclipse 开发环境中编写一个 Java 应用程序，输出"Java 欢迎你!"。

编程基础

实验目的：

◆ 掌握 Java 的基本语法格式。

◆ 掌握常量、变量的定义和使用。

◆ 握 Java 的基本数据类型及类型转换。

◆ 掌握运算符的使用。

◆ 掌握选择结构语句的使用。

◆ 掌握循环结构语句的使用。

2.1 数据的输入和输出

Scanner 类是 java.util 包中的一个类，常用于控制台的输入，当需要使用控制台输入时即可调用这个类。Java 中的 print()和 println()方法用于在控制台上显示文本。print()方法将它的参数显示在命令窗口，并将输出光标定位在所显示的最后一个字符之后。println()方法将它的参数显示在命令窗口，并在结尾加上换行符，将输出光标定位在下一行的开始。

实验 2-1 输入输出例题

【内容】

从键盘输入自己的姓名和年龄，输出"我是计算机学院的***，我今年**岁了，我十分喜欢计算机编程。"

【思路】

输入数据通常使用 Scanner 类，调用 Scanner 类中的各种方法读取不同类型的数据。输出数据可以使用 System.out.print()或 System.out.println()，输出的内容可以使用字符串连接符连接起来显示。

【代码】

```
package two;
import java.util.Scanner;
public class IODemo {
```

```
public static void main(String[] args) {
    Scanner sc=new Scanner(System.in);
    System.out.print("请输入你的姓名:");
    String name=sc.nextLine();
    System.out.print("请输入你的年龄:");
    int age=sc.nextInt();
    System.out.println("我是计算机学院的"+name+",我今年"+age+"岁了,我十分喜
欢计算机编程。");
    }
}
```

【运行结果】

输入姓名和年龄后按 Enter 键,输出"我是计算机学院的王晓鹏,我今年 19 岁了,我十分喜欢计算机编程。",如图 2-1 所示。

图 2-1　输入输出例题运行结果图

2.2　Java 基本数据类型

在程序设计中,数据是程序的必要组成部分,也是程序处理的对象。不同的数据有不同的数据类型,Java 语言中的数据类型分为两大类:一类是基本数据类型;另一类是引用类型。Java 的基本数据类型包括 byte、short、int、long、float、double、char 和 boolean。读者需要掌握基本类型的数据转换规则,基本数据类型按精度级别由低到高的顺序是 byte→short →char→int→long→float→double。

当把级别低的变量的值赋给级别高的变量时,系统自动完成数据类型的转换;当把级别高的变量的值赋给级别低的变量时,必须使用强制数据类型转换。

实验 2-2　基本数据类型的使用

【内容】

计算 1234 和 4321 两个数的和、差、积和商并输出结果。

【思路】

定义两个整型变量 1234 和 4321,对这两个变量分别进行和、差、积和商运算,并使用 println()方法在控制台中输出。

【代码】

```
package two;
```

```
public class BasicDataDemo {
    public static void main(String[] args) {
        int a=1234;
        int b=4321;
        int c=a+b;
        int d=a-b;
        int e=a * b;
        int f=a/b;
        System.out.println(c);
        System.out.println(d);
        System.out.println(e);
        System.out.println(f);
    }
}
```

【运行结果】

如图 2-2 所示,输出了两个整数的和、差、积和商。

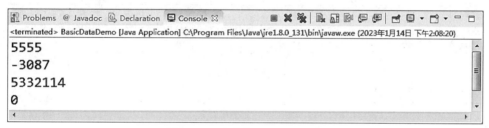

图 2-2　两个数的和、差、积和商

实验 2-3　大小写转换

【内容】

输入一个大写字母,将其转换成小写字母并输出;输入一个小写字母,将其转换成大写字母并输出。

【思路】

使用 Scanner 类输入一个字母,存储在一个变量中,判断该字母是大写还是小写,如果是小写字母,在其 Unicode 编码值上减去 32 并进行强制数据类型转换运算,如果是大写字母,在其 Unicode 编码值上加上 32 并进行强制数据类型转换运算,最后输出。

【代码】

```
package two;
import java.util.Scanner;
public class CharTransferDemo {
    public static void main(String[] args) {
        Scanner s=new Scanner(System.in);
        System.out.println("请输入一个字母:");
```

```
        String string=s.nextLine();
        char c=string.charAt(0);
        if(c>=65&&c<=90) {
            c=(char)(c+32);
            System.out.println(c);
        } else if(c>=97&&c<=122) {
            c=(char)(c-32);
            System.out.println(c);
        }else{
            System.out.println("输入的不是英文字母。");
        }
    }
}
```

【运行结果】

输入小写的 f 后按 Enter 键,在控制台中输出大写的 F,如图 2-3 所示。

图 2-3 大小写转换

实验 2-4 希腊字母表

【内容】

输出希腊字母表中的所有字母。

【思路】

为了输出希腊字母表,首先获取希腊字母表的第一个字母和最后一个字母在 Unicode 编码中的位置,然后使用循环输出其余的希腊字母。

【代码】

```
package two;
public class GreekAlphabetDemo {
    public static void main(String[] args) {
        int startPosition=0,endPosition=0;
        char cStart='α',cEnd='ω';
        startPosition=cStart;
        endPosition=cEnd;
        System.out.println("希腊字母\'α\'在 Unicode 表中的顺序位置:"+startPosition);
        System.out.println("希腊字母表:");
```

```
        for(int i=startPosition;i<=endPosition;i++){
            char c='\0';
            c=(char)i;
            System.out.print(" "+c);
            if((i-startPosition+1)%10==0){
                System.out.println();
            }
        }
    }
}
```

【运行结果】

如图 2-4 所示,输出希腊字母表的所有字母。

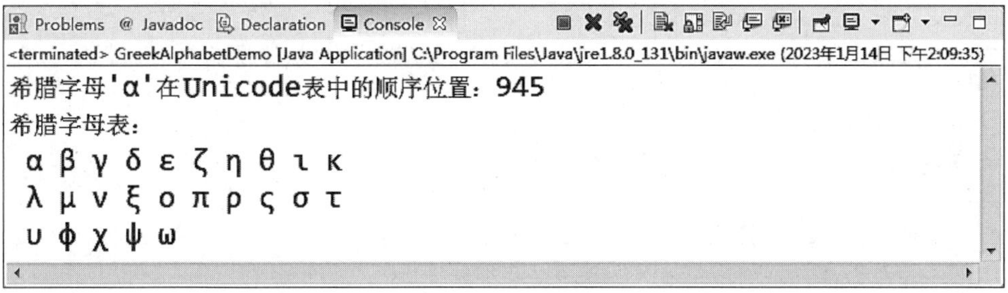

图 2-4　希腊字母表

2.3　Java 中的运算符

程序是由许多语句组成的,而语句组成的基本单位就是表达式与运算符。Java 提供了很多运算符,这些运算符除了可以处理一般的数学运算外,还可以做逻辑运算、位运算等。根据功能的不同,运算符可以分为算术运算符、赋值运算符、关系运算符、逻辑运算符和位运算符。

实验 2-5　计算面积和周长

【内容】

输入正方形的边长,计算并输出正方形的周长和面积,要求输出两位小数。

【思路】

使用 Scanner 类输入一个数,存储在一个变量中,根据正方形的周长和面积计算公式计算面积和周长并输出。结果输出两位小数,可以使用 System.out.printf() 函数来实现。

【代码】

```
package two;
import java.util.Scanner;
public class SquareDemo {
    public static void main(String[] args) {
```

```
        Scanner s=new Scanner(System.in);
        System.out.println("请输入边长:");
        double sidelength=s.nextDouble();
        double Perimeter=sidelength * 4;
        double area=sidelength * sidelength;
        System.out.printf("%.2f",Perimeter);
        System.out.println();
        System.out.printf("%.2f",area);
    }
}
```

【运行结果】

输入小数 5.8 后按 Enter 键,输出正方形的周长是 23.20,面积是 33.64,如图 2-5 所示。

```
Problems  @ Javadoc  Declaration  Console ⊠           ▮ ✖ ✖ | 🗎 🗐 🗐 🗐 | 🗖 🗆 ▾ 🗂 ▾ ▭ 🗆
<terminated> SquareDemo [Java Application] C:\Program Files\Java\jre1.8.0_131\bin\javaw.exe (2023年1月14日 下午2:10:00)
请输入边长:
5.8
23.20
33.64
```

图 2-5   正方形的周长和面积

实验 2-6   判断闰年

【内容】

输入一个年份,判断此年份是否是闰年。

【思路】

使用 Scanner 类输入一个年份,存储在一个变量中,判断这个年份是否满足下面条件之一:

(1) 能够被 4 整除,但不能被 100 整除;

(2) 能够被 400 整除。

若满足两个条件中的一个,则这个年份为闰年,可以使用逻辑与和逻辑或联合运算符进行判断。

【代码】

```
package two;
import java.util.Scanner;
public class LeapYearDemo {
    public static void main(String[] args) {
        Scanner s=new Scanner(System.in);
        System.out.println("请输入年份:");
        int year=s.nextInt();
        boolean flag=(year%4==0&year%100!=0)|(year%400==0);
```

```
        if(flag){
            System.out.println(year+"是闰年。");
        }else{
            System.out.println(year+"不是闰年。");
        }
    }
}
```

【运行结果】

输入一个年份后按 Enter 键,输出这个年份是否是闰年,如图 2-6 所示。

```
Problems  @ Javadoc  Declaration  Console ⊠        ■ ✖ ✖ | ▤ ▥ ▥ ▥ | ▤ ▾ ▭ ▾ ▭ ▾
<terminated> LeapYearDemo [Java Application] C:\Program Files\Java\jre1.8.0_131\bin\javaw.exe (2023年1月14日 下午2:10:32)
请输入年份:
2023
2023不是闰年。
◀                                                                                    ▶
```

图 2-6 判断闰年

实验 2-7 输出各位数字

【内容】

输入一个三位的整数,把每一位数字单独输出。例如,输入 123,输出结果为"1 2 3"。

【思路】

使用 Scanner 类输入一个整数,存储在一个变量中,使用除法和取余运算符来获取整数
中各位置上的数字。

【代码】

```
package two;
import java.util.Scanner;
public class GetNumberDemo {
    public static void main(String[] args) {
        Scanner s=new Scanner(System.in);
        System.out.println("请输入一个三位的整数:");
        int a=s.nextInt();
        int hundreds=a/100;
        a=a%100;
        int tens=a/10;
        int single=a%10;
        System.out.println("百位数是:"+hundreds);
        System.out.println("十位数是:"+tens);
        System.out.println("个位数是:"+single);

    }
}
```

【运行结果】

输入一个整数后按 Enter 键,输出这个整数的各位数字,如图 2-7 所示。

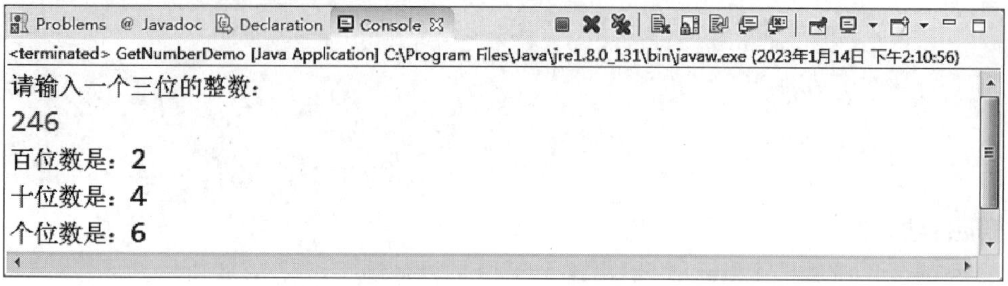

```
Problems  @ Javadoc  Declaration  Console
<terminated> GetNumberDemo [Java Application] C:\Program Files\Java\jre1.8.0_131\bin\javaw.exe (2023年1月14日 下午2:10:56)
请输入一个三位的整数:
246
百位数是: 2
十位数是: 4
个位数是: 6
```

图 2-7 输出各位数字

2.4 程序的结构

流程控制语句是用来控制程序中各语句执行顺序的语句,是程序中基础却又非常关键的部分。流程控制语句可以把单个语句组合成有意义的、能完成一定功能的逻辑模块。最主要的流程控制结构是结构化程序设计中的顺序结构、选择结构和循环结构三种。

实验 2-8 直角三角形的判断

【内容】

输入三个整数,判断能否构建成直角三角形。

【思路】

使用 Scanner 类输入三个整数,存放在三个变量中;判断三个整数是否都大于 0,且较小的两个数的平方的和等于最大的数的平方,则输入的三个整数能组成直角三角形,可以使用 if 语句实现。

【代码】

```java
package two;
import java.util.Scanner;
public class RightRriangleDemo {
    public static void main(String[] args) {
        Scanner s=new Scanner(System.in);
        System.out.println("请输入三个整数:");
        int a=s.nextInt();
        int b=s.nextInt();
        int c=s.nextInt();
        if(a>b){
            int temp=a;
            a=b;
            b=temp;
        }
```

```
        if(b>c){
            int temp=b;
            b=c;
            c=temp;
        }
        if(a>0&b>0&c>0&(a * a+b * b==c * c)){
            System.out.println("输入的三个数能构成直角三角形。");
        }else{
            System.out.println("输入的三个数不能构成直角三角形。");
        }
    }
}
```

【运行结果】

输入三个整数后按 Enter 键,判断后输出能否构成直角三角形,如图 2-8 所示。

图 2-8　直角三角形的判断

实验 2-9　成绩等级

【内容】

输入一个成绩,判断是五级制中的哪个等级。

【思路】

使用 Scanner 类输入一个成绩,存储在变量中,如果成绩大于或等于 90 分则是 A,如果大于或等于 80 分小于 90 分则是 B,如果大于或等于 70 分小于 80 分则是 C,如果大于或等于于 60 分小于 70 分则是 D,否则是 E。可以使用多层 if 语句进行判断。

【代码】

```
package two;
import java.util.Scanner;
public class GradeDemo {
    public static void main(String[] args) {
        Scanner s=new Scanner(System.in);
        System.out.println("请输入一个成绩:");
        double score=s.nextDouble();
        if(score>=90){
            System.out.println("A");
        }else if(score>=80){
```

```
        System.out.println("B");
    }else if(score>=70){
        System.out.println("C");
    }else if(score>=60){
        System.out.println("D");
    }else{
        System.out.println("E");
    }
    }
}
```

【运行结果】

输入一个成绩后按 Enter 键，输出这个成绩对应的等级，如图 2-9 所示。

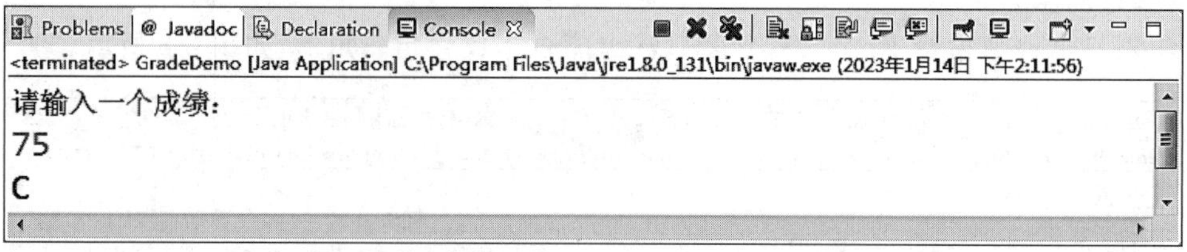

图 2-9　成绩等级

实验 2-10　最大公约数和最小公倍数

【内容】

输入两个整数，求最大公约数和最小公倍数。

【思路】

（1）使用 Scanner 类输入两个整数，存放在两个变量 m 和 n 中。

（2）求最大公约数，先求出 m 和 n 的最小值；然后分别用 m 和 n 除以最小值，如果不能同时整除则最小值减 1 后再试；直到可以同时整除，则找到最大公约数。

（3）求最小公倍数，先求出 m 和 n 的最大值；然后用最大值分别除以 m 和 n，如果不能同时整除则对最大值加倍后再试；直到可以同时整除，则找到最小公倍数。

（4）使用 for 循环来完成。

【代码】

```
package two;
import java.util.Scanner;
public class divisorAndmultipleDemo {
    public static void main(String[] args) {
        Scanner s=new Scanner(System.in);
        System.out.println("请输入两个整数:");
        int m=s.nextInt();
        int n=s.nextInt();
        int min=m<n?m:n;
```

```
        for(int i=min;i>=1;i--){
            if((m%i==0)&&(n%i==0)){
                System.out.println("最大公约数是: "+i);
                break;
            }
        }
        int max=m>n? m:n;
        for(int i=max;i<=m*n;i=i+max){
            if(i%m==0&&i%n==0){
                System.out.println("最小公倍数是: "+i);
                break;
            }
        }
    }
}
```

【运行结果】

输入两个数后按 Enter 键,程序运行后输出这两个数的最大公约数和最小公倍数,如图 2-10 所示。

图 2-10　最大公约数和最小公倍数

实验 2-11　整数各位求和

【内容】

输入一个整数,计算其各位上的数字之和。

【思路】

使用 Scanner 类输入一个整数,存放在变量中,使用%和/可以提取整数的每一位,每提取一位,累加到一个求和变量中,使用 do…while 循环来完成。

【代码】

```
package two;
import java.util.Scanner;
public class IntSumDemo {
    public static void main(String[] args) {
        Scanner s=new Scanner(System.in);
        System.out.println("请输入一个整数:");
```

```
        int a=s.nextInt();
        int sum=0;
        do{
            sum=sum+a%10;
            a=a/10;
        }while(a!=0);
        System.out.println(sum);
    }
}
```

【运行结果】

输入一个整数后按 Enter 键,程序运行后显示这个整数各位数的和,如图 2-11 所示。

图 2-11 整数各位求和

实验 2-12 求数的所有因子

【内容】

输入一个正整数,输出它的所有因子。

【思路】

使用 Scanner 类输入一个正整数,存放在变量中。因子是指可以被该数整除的数,利用 while 循环求每一个能被这个数整除的数。

【代码】

```
package two;
import java.util.Scanner;
public class FactorDemo {
    public static void main(String[] args) {
        Scanner s=new Scanner(System.in);
        System.out.println("请输入一个正整数:");
        int a=s.nextInt();
        int i=a;
        while(i>0){
            if(a%i==0){
                System.out.print(i+" ");
            }
            i--;
        }
    }
}
```

【运行结果】

输入一个正整数,程序运行后输出这个数的所有因子,如图 2-12 所示。

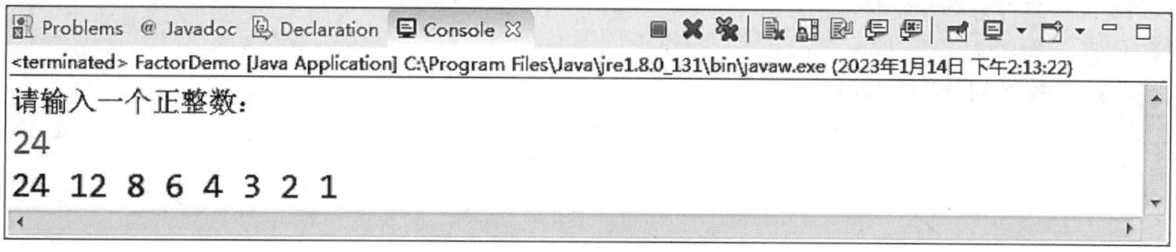

```
Problems  @ Javadoc  Declaration  Console ✕          ■ ✕ ✖ | ▣ ▥ ▤ ▣ | ᗢ ▣ ▾ ▱ ▾ ▱ ▾
<terminated> FactorDemo [Java Application] C:\Program Files\Java\jre1.8.0_131\bin\javaw.exe (2023年1月14日 下午2:13:22)
请输入一个正整数:
24
24 12 8 6 4 3 2 1
```

图 2-12　求数的所有因子

实验 2-13　斐波那契数列

【内容】

斐波那契数列的值是 $0,1,1,2,3,5,8,13,21,\cdots$,即从第 3 项开始每项的值为前两项之和。输入一个正整数 n,计算斐波那契数列的第 n 项的值。

【思路】

使用 Scanner 类输入一个正整数 n;定义一个静态方法,当 n＝1 时输出 0,当 n＝2 时输出 1,当 n≥3 时通过方法的递归调用计算斐波那契数列的第 n 项的值。

【代码】

```java
package two;
import java.util.Scanner;
public class FibonacciDemo {
    public static void main(String[] args) {
        Scanner s=new Scanner(System.in);
        System.out.println("请输入一个大于 0 的整数:");
        int a=s.nextInt();
        System.out.println("斐波那契数列的第"+a+"项的值是:"+fibonacci(a));
    }
    public static long fibonacci(int n){
        if(n==1){
            return 0;
        }else if(n==2){
            return 1;
        }else{
            return fibonacci(n-1)+fibonacci(n-2);
        }
    }
}
```

【运行结果】

输入一个正整数 n 后按 Enter 键,程序输出斐波那契数列的第 n 项对应的值,如图 2-13 所示。

图 2-13　斐波那契数列

自测题

1. 计算 30°的正弦和余弦。

2. 输入三个整数,判断它们能否构建成一个三角形。

3. 输入一个整数,判断是奇数还是偶数。

4. 输入一个数,求其绝对值。

5. 求 10000 以内的完全数(完全数是指除了自身以外的所有因子的累加和等于自己)。

6. 编程证明角谷猜想(数学家角谷静夫在研究自然数时发现一个现象:对于任意一个自然数 n,若为偶数,则将它除以 2;若为奇数,则将它乘以 3 加 1,经过如此有限次运算后,总可以得到自然数 1)。

上机实验 3
数　组

实验目的：

◆ 掌握一维数组的定义和初始化。

◆ 掌握一维数组的访问和使用。

◆ 掌握二维数组的定义和访问。

3.1　一维数组

数组是一种数据结构，是按一定顺序排列的相同类型的元素集合。数组实际上就是一连串类型相同的变量，这些变量用一个名字命名，即数组名，并用索引区分它们。使用数组时，可以通过索引来访问数组元素，如数组元素的赋值和取值。

实验 3-1　字母正序输出

【内容】

输入一个大写字母，以该字母为第一个字母，正序输出所有的大写字母。例如，输入 F 后，输出 FGHIGKLMNOPQRSTUVWXYZABCDE。如果输入的是其他字符，显示输入错误。

【思路】

（1）使用 Scanner 类从键盘输入一个字符，使用 Scanner 类的 nextLine()方法读取一行字符，然后使用 charAt()方法获得第一个字符，存放在变量中。

（2）判断这个字符是大写字母还是其他字符。如果是其他字符，则显示输入错误。

（3）如果是大写字母，则以这个大写字母为开始，正序把其他大写字母存放在长度为 26 的数组中。

（4）存在特殊情况，当存放到大写字母 Z 时，下次再存放时应该从大写字母 A 开始，直到数组存满为止。

【代码】

```
package three;
import java.util.Scanner;
public class CharTablesDemo {
```

```java
public static void main(String[] args) {
    Scanner s=new Scanner(System.in);
    System.out.println("请输入一个字符:");
    String string=s.nextLine();
    char c=string.charAt(0);
    char chartables[]=new char[26];
    if(c>='A'&&c<='Z'){
        for(int i=0;i<chartables.length;){
            if(c<='Z'){
                chartables[i]=c;
                c++;
                i++;
            }
            else
                c='A';
        }
        System.out.println(chartables);
    }else{
        System.out.println("输入错误。");
    }
}
```

【运行结果】

输入一个字母 C 后按 Enter 键，以 C 开始正序输出所有的大写字母，如图 3-1 所示。

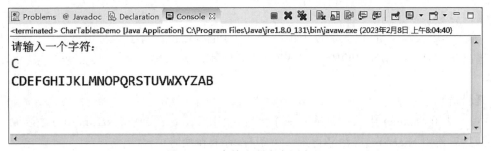

图 3-1   正序输出所有大写字母

实验 3-2   模拟双色球生成案例

【内容】

彩票中有一种是双色球，要求从 1~33 中随机选取 6 个号码作为红球，6 个号码不能重复，从 1~16 中随机选取 1 个号码作为蓝球，6 个红球和 1 个蓝球组合即为中奖号码。

【思路】

（1）定义一个长度为 6 的整型数组，初始值是 0。

（2）利用 Random 类中的 nextInt()方法随机产生 6 个 1~33 中的整数，每生成一个随机数都要和已经存放在数组中的元素进行比较，如果这个数已经存在，则需要重新生成，再次比较,直到生成的这个数没有在数组中出现,把这个数存放在数组中。生成的 6 个不相同的整数作为红球。

(3) 利用 Random 类中的 nextInt()方法随机产生 1 个 1~16 中的整数,作为蓝球。

【代码】

```java
package three;
import java.util.Random;
public class BicolorBallDemo {
    public static void main(String[] args) {
        int a[]=new int[6];
        int count=0;
        boolean flag=true;
        for(int i=0;count<6;i++){
            int temp=new Random().nextInt(33)+1;
            for(int j=0;j<6;j++){
                if(temp==a[j]){
                    flag=false;
                }
            }
            if(flag){
                a[count]=temp;
                count++;
            }
            flag=true;
        }
        System.out.print("6个蓝球分别是:");
        for(int i=0;i<6;i++)
            System.out.print(a[i]+" ");
        System.out.println();
        System.out.print("1个红球是:");
        System.out.println(new Random().nextInt(16)+1);
    }
}
```

【运行结果】

运行程序,如图 3-2 所示,随机生成一组双色球号码。

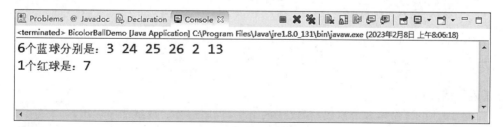

图 3-2　双色球号码

实验 3-3　数组乱序后输出

【内容】

给定一个数组,将这个数组的元素打乱顺序后输出。

【思路】

(1) 使用 Scanner 类从键盘输入 5 个整数,存放在数组中。

(2) 使用 for 循环,将数组中每个元素都与其他位置的元素进行交换,其他位置的元素利用 Random 类中的 nextInt()方法随机定位确定。

(3) 最后输出打乱顺序后的数组。

【代码】

```
package three;
import java.util.Random;
import java.util.Scanner;
public class ShuffleArrayDemo {
    public static void main(String[] args) {
        Scanner s=new Scanner(System.in);
        System.out.println("请输入 5 个整数:");
        int a[]=new int[5];
        for(int i=0;i<5;i++) {
            a[i]=s.nextInt();
        }
        System.out.print("输入的数组为:");
        for(int i=0;i<5;i++) {
            System.out.print (a[i]+" ");
        }
        System.out.println();
        for(int i=0;i<a.length;i++){
            int temp=new Random().nextInt(a.length);
            int t=a[i];
            a[i]=a[temp];
            a[temp]=t;
        }
        System.out.print("乱序后的数组为:");
        for(int i=0;i<5;i++) {
            System.out.print (a[i]+" ");
        }
    }
}
```

【运行结果】

如图 3-3 所示,输入 5 个整数,存放在数组中,程序运行后数组乱序输出。

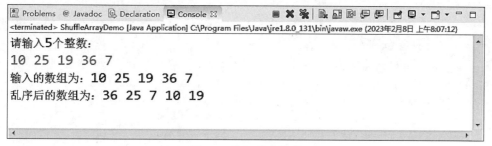

图 3-3　数组乱序输出

实验 3-4　数组中查找数据

【内容】

定义一个整型数组,输入一个整数,查找该整数在数组中第一次出现的位置,并输出该整数在数组中出现的总次数。如果没有找到该整数,则显示数组中没有要查找的数据。

【思路】

(1) 定义一个整型数组,使用 Scanner 类输入一个整数。

(2) 使用 for 循环将数组的第一个元素和输入的整数进行比较,如果相等,则返回这个元素的下标,并跳出循环;如果不相等则比较下一个元素,直至数组结束;若没有找到,则输出数组中没有要查找的数据。

(3) 定义一个变量用来记载该整数和数组中元素相等的次数,使用 for 循环和数组中的每一个元素比较,若相等,则该变量加 1,直到数组结束;若没有相等元素,则变量的值为 0。

【代码】

```java
package three;
import java.util.Scanner;
public class SimpleSearchDemo {
    public static void main(String[] args) {
        int a[]={20,17,65,28,40,125,69,28};
        Scanner s=new Scanner(System.in);
        System.out.println("请输入要查找的数据:");
        int data=s.nextInt();
        int b=-1;
        for(int i=0;i<a.length;i++) {
            if(a[i]==data) {
                b=i;
                break;
            }
        }
        int count=0;
        for(int i=0;i<a.length;i++) {
            if(a[i]==data) {
                count++;
```

```
                }
            }
            if(b!=-1) {
                System.out.println(data+"第一次出现在数组的第"+b+"个位置。");
                System.out.println("这个数在数组中出现了"+count+"次。");
            }else {
                System.out.println("数组中没有要查找的数据。");
            }
        }
    }
}
```

【运行结果】

输入一个数据 69,查找该数据在数组中的位置以及出现的次数,如图 3-4 所示。

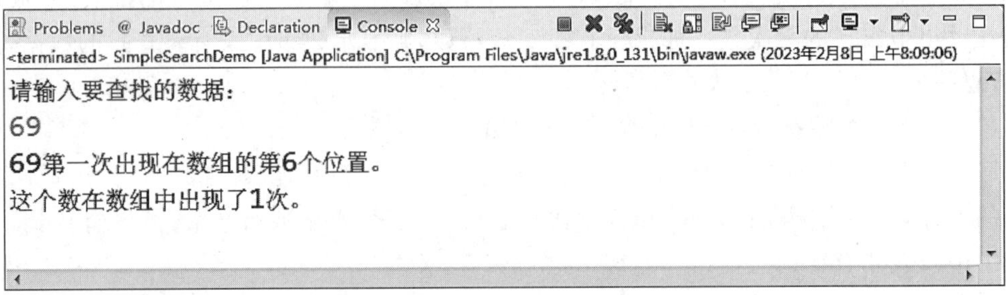

图 3-4　数组中查找数据

实验 3-5　在有序数组中插入数据

【内容】

定义一个有序的数组,输入一个整数,将其插入数组中,并确保数组仍是有序的。

【思路】

(1) 定义一个整型有序的数组 a:{5,16,23,35,46,59,63,78},定义一个整型数组 b,长度是 a 的长度加 1,使用 Scanner 类输入一个整数 data。

(2) 使用 for 循环查找 data 在数组 a 中的位置并记录到变量 index 中。

(3) 把数组 a 中下标为 0~index 的元素的值赋给数组 b 中下标为 0~index 的元素;将数组 b 的下标为 index+1 的元素的值定义为 data;将数组 a 的剩余元素的值赋给数组 b 中下标为 index+2~b.length-1 的元素。

【代码】

```
package three;
import java.util.Scanner;
public class InsertDataDemo {
    public static void main(String[] args) {
        int a[]={5,16,23,35,46,59,63,78};
        System.out.println("插入数据前的数组为:");
        for(int i=0;i<a.length;i++) {
```

```
            System.out.print(a[i]+" ");
        }
        System.out.println();
        int b[]=new int[a.length+1];
        Scanner s=new Scanner(System.in);
        System.out.println("请输入要插入的数据:");
        int data=s.nextInt();
        int index=-1;
        for(int i=0;i<a.length;i++) {
            if(data>=a[i]) {
                index=i;
            }
        }
        for(int i=0;i<=index;i++) {
            b[i]=a[i];
        }
        b[index+1]=data;
        for(int i=index+2;i<b.length;i++){
            b[i]=a[i-1];
        }
        System.out.println("插入数据后的数组为:");
        for(int i=0;i<b.length;i++) {
            System.out.print(b[i]+" ");
        }
    }
}
```

【运行结果】

输入一个数据 25,将 25 插入数组中并确保数组仍是有序的,如图 3-5 所示。

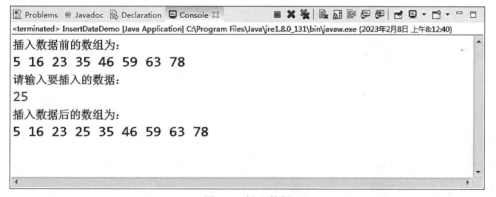

图 3-5　插入数据

实验 3-6　选择排序

【内容】

给定一个数组,使用选择排序法对数组进行从小到大的排序并输出。

【思路】

（1）使用 Scanner 类从键盘输入 8 个整数,存放在数组中。

（2）选择排序的过程是:对 8 个数进行选择排序需要 7 趟。第一趟从待排序的数据中找到最小的一个元素,存放在数组的第一个位置;第二趟再从剩余的待排序的数据中找到最小的一个元素,存放在数组的第二个位置;以此类推,直到第 7 趟排序从剩余的 2 个数中找到最小的元素,存放在数组的第 7 个位置,此时选择排序结束。

【代码】

```
package three;
import java.util.Scanner;
public class SelectSortDemo {
    public static void main(String[] args) {
        Scanner s=new Scanner(System.in);
        System.out.println("请输入 8 个整数:");
        int a[]=new int[8];
        for(int i=0;i<8;i++) {
            a[i]=s.nextInt();
        }
        System.out.print("输入的数组为:");
        for(int i=0;i<8;i++) {
            System.out.print (a[i]+" ");
        }
        System.out.println();
        int index;
        for(int i=0;i<a.length-1;i++) {
            index=i;
            for(int j=i+1;j<a.length;j++) {
                if(a[j]<a[index]) {
                    index=j;
                }
            }
            if(index!=i) {
                int temp=a[i];
                a[i]=a[index];
                a[index]=temp;
            }
            System.out.println("第"+(i+1)+"趟选择排序的结果是:");
            for(int j=0;j<a.length;j++) {
                System.out.print(a[j]+" ");
            }
            System.out.println();
        }
        System.out.println("选择排序的最终结果是:");
        for(int i=0;i<a.length;i++) {
```

```
                System.out.print(a[i]+" ");
            }
        }
    }
```

【运行结果】

输入 8 个整数,存放到数组中,对数组进行选择排序,显示每趟选择排序的结果,如图 3-6 所示。

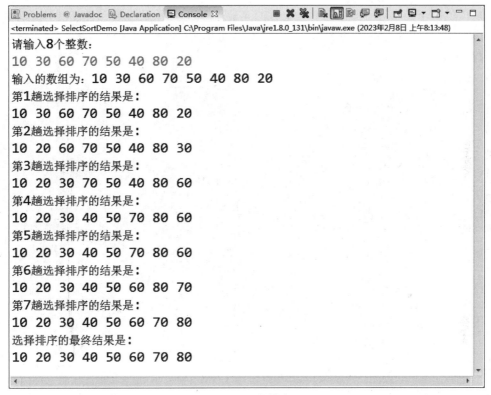

图 3-6　选择排序

3.2　二维数组

二维数组可以看成维数为 2 的数组,常用来表示表格或矩形。二维数组的声明、初始化与一维数组类似。

实验 3-7　杨辉三角形

【内容】

根据用户输入的整数,输出对应指定行数的杨辉三角形。例如,输入的是 5,则输出如图 3-7 所示的 5 行杨辉三角形。

```
1
1 1
1 2 1
1 3 3 4
1 4 6 4 1
```

图 3-7　5 行杨辉三角形

【思路】

（1）杨辉三角形是多行多列的数据，采用二维数组来完成。杨辉三角形的规律是每行数字的第一列和最后一列的数字都是 1，从第三行开始，除去第一列和最后一列都为数字 1 以外，其余每列的数字都等于它上方和左上方两个数字之和。

（2）使用 Scanner 类输入一个整数 n，创建 n×n 的二维数组。

（3）为数组中的元素赋值。用 i 和 j 表示数组元素的行下标和列下标，赋值的操作分为两步：第一步先将每行的第一个元素和二维数组的对角线元素赋值为 1；第二步再对每行的第一个元素和对角线之间的元素赋值，这部分元素的行下标 i＝2～n－1，列下标 j＝1～i－1，此区域内的每个元素等于其上方和左上方的元素之和；数组中其他的元素可以不必赋值。

（4）输出时只需输出二维数组的左下三角部分即可。

【代码】

```java
package three;
import java.util.Scanner;
public class YangHuiTriangleDemo {
    public static void main(String[] args) {
        Scanner scn=new Scanner(System.in);
        System.out.println("请输入一个正整数:");
        int n=scn.nextInt();
        int arr[][]=new int[n][n];
        int i,j;
        for(i=0;i<n;i++){
            arr[i][0]=1;
            arr[i][i]=1;
        }
        for(i=2;i<n;i++){
            for(j=1;j<i;j++){
                arr[i][j]=arr[i-1][j-1]+arr[i-1][j];
            }
        }
        for( i=0;i<arr.length;i++){
            for( j=0;j<=i;j++){
                System.out.printf("%-3d",arr[i][j]);
            }
            System.out.println();
        }
    }
}
```

【运行结果】

输入一个整数 6，显示 6 行杨辉三角形，如图 3-8 所示。

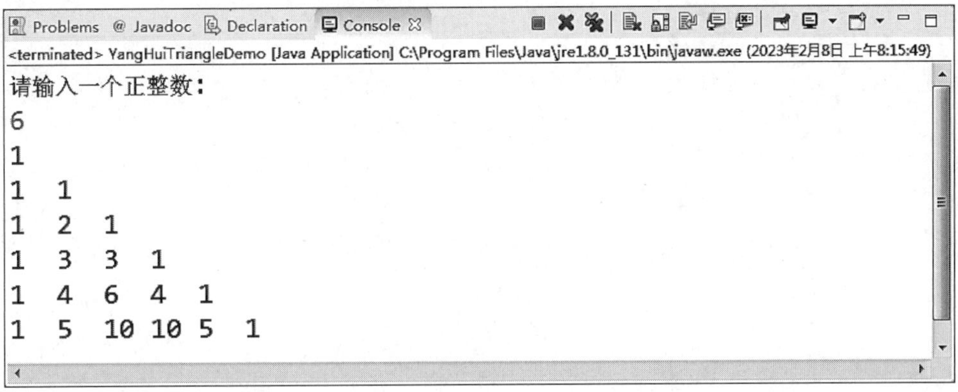

图 3-8　6 行杨辉三角形

实验 3-8　求矩阵的鞍点

【内容】

在矩阵中,一个元素在所在行中是最大值,在所在列中是最小值,则该元素称为这个矩阵的鞍点。

【思路】

(1) 定义一个 4×4 的二维数组,使用 Math 类中 random()方法随机生成的数为二维数组中的每个元素赋值。

(2) 定义一个长度为 4 的一维数组 temp1,用于存储二维数组每行的最大值。

(3) 定义一个长度为 4 的一维数组 temp2,用于存储二维数组每列的最小值。

(4) 将 temp1 中的每个元素和 temp2 中的每个元素进行比较,如果相等,则这个值为矩阵的鞍点,获得这个元素的行值和列值;如果不相等,则矩阵没有鞍点。

【代码】

```java
package three;
public class SaddlePointDemo {
    public static void main(String[] args) {
        int arr[][]=new int[4][4];
        boolean flag=false;
        int row=0;
        int column=0;
        int value=0;
        for(int i=0;i<arr.length;i++){
            for(int j=0;j<arr[i].length;j++){
                arr[i][j]=(int)(Math.random() * 100);
                System.out.printf("%-3d",arr[i][j]);
            }
            System.out.println();
        }
        int temp1[]=new int[4];
```

```
int temp2[]=new int[4];
for(int i=0;i<4;i++){
    int max=arr[i][0];
    for(int j=0;j<4;j++){
        if(arr[i][j]>max)
            max=arr[i][j];
    }
    temp1[i]=max;
}
for(int j=0;j<4;j++){
    int min=arr[0][j];
    for(int i=0;i<4;i++){
        if(arr[i][j]<min)
            min=arr[i][j];
    }
    temp2[j]=min;
}
for(int j=0;j<4;j++){
    for(int i=0;i<4;i++){
        if(temp1[i]==temp2[j]){
            flag=true;
            row=i+1;
            column=j+1;
            value=temp1[i];
        }
    }
}
if(flag){
    System.out.println("第"+row+"行的第"+column+"列的"+value+"是鞍点");
}else{
    System.out.println("没有鞍点");
}
    }
}
```

【运行结果】

随机生成一个 4×4 的二维数组,获得该二维数组的鞍点,如图 3-9 所示。

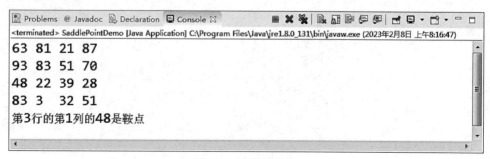

图 3-9 矩阵的鞍点

自测题

1. 输入一个小写字母，以该字母为第一个字母，逆序输出所有的小写字母。例如：输入 e 后，输出 edcbazyxwvutsrqponmlkgihgf。如果输入的是其他字符，则显示输入错误。

2. 使用"插入排序"对数组进行排序。

3. 数组消重：已定义一个数组 a，新生成一个数组 b，b 由 a 中所有不重复的元素组成。

4. 随机生成一个二维数组，求二维数组元素中的最大值及位置。

上机实验 4

类和对象

实验目的：

◆ 掌握类和对象的概念。
◆ 掌握属性、构造方法和成员方法的定义。
◆ 掌握 this 关键字的使用。
◆ 掌握实例成员和静态成员的区别。
◆ 掌握类中成员的访问权限。

4.1 类的设计

类是 Java 中最重要的数据类型。类用来抽象出一类事务的共有属性和行为，即抽象出数据以及在数据上所进行的操作。类由两部分组成，即变量的声明和方法的定义，其中的构造方法用于创建对象，其他方法供类创建的对象使用。

实验 4-1 Person 类的设计

【内容】

设计一个关于人的工具类 Person。

（1）包含 3 个属性：姓名（name）、年龄（age）和性别（sex）。

（2）3 个实例方法：分别对 3 个属性进行赋值操作。

（3）一个实例方法：输出当前对象的各个属性的值。

【思路】

（1）确定 3 个属性的数据类型，姓名（name）和性别（sex）应为 String 类型，年龄（age）应为 int 类型。

（2）对属性进行赋值的 3 个实例方法分别需要传递一个参数，参数的数据类型应和属性的数据类型一致。

（3）输出各属性值的方法不需要参数，也没有返回值，只需输出 3 个属性的值即可。

【代码】

```
package four;
public class PersonDemo {
```

```
public static void main(String[] args) {
    Person p1=new Person();
    p1.setName("王鹏");
    p1.setAge(19);
    p1.setSex("男");
    p1.printMessage();
    }
}
class Person{
    String name;
    int age;
    String sex;
    public void setName(String name){
        this.name=name;
    }
    public void setAge(int age) {
        this.age =age;
    }
    public void setSex(String sex) {
        this.sex =sex;
    }
    public void printMessage(){
        System.out.println("姓名是"+name+",年龄是"+age+",性别是"+sex);
    }
}
```

【运行结果】

在测试类 PersonDemo 的 main() 方法中，创建一个 Person 对象 p1，使用对属性进行赋值的 3 个实例方法对 3 个属性赋值，然后使用 printMessage() 方法输出对象 p1 的属性值，如图 4-1 所示。

图 4-1　Person 类的设计

实验 4-2　圆形类的设计

【内容】

设计关于圆形的工具类 Circle。

（1）包含一个属性：半径（radius）。

（2）一个实例方法：对半径属性进行赋值操作。

（3）一个实例方法：输出当前对象的半径的值。

【思路】

（1）确定这个属性的数据类型，半径应为 double 类型。

（2）对半径属性进行赋值的实例方法需要传递一个参数，参数的数据类型应和属性的数据类型一致。

（3）输出半径值的实例方法不需要参数，也没有返回值，只需输出这个属性的值即可。

【代码】

```
package four;
public class CircleDemo {
    public static void main(String[] args) {
        Circle c1=new Circle();
        c1.setRadius(2.2);
        c1.printRadius();
    }
}
class Circle{
    double radius;
    public void setRadius(double radius) {
        this.radius =radius;
    }
    public void printRadius(){
        System.out.println("这个圆的半径是:"+radius);
    }
}
```

【运行结果】

在测试类 CircleDemo 的 main() 方法中，创建一个 Circle 对象 c1，使用对属性进行赋值的实例方法对这个属性赋值，然后使用 printRadius() 方法输出对象 c1 的属性值，如图 4-2 所示。

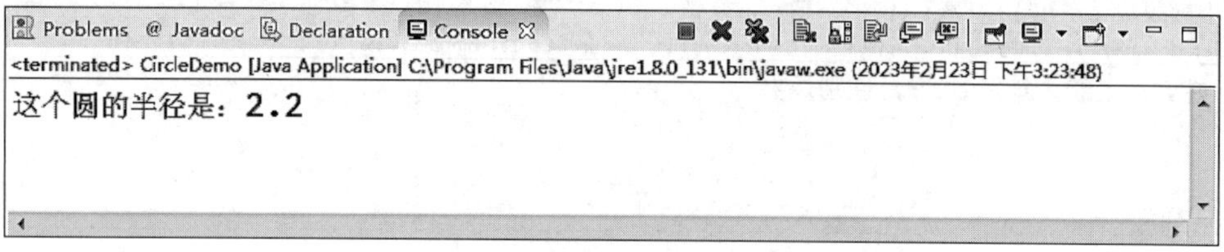

图 4-2　圆形类的设计

4.2　对象的创建和使用

类是对象的抽象，为对象定义了属性和行为，但类本身既不带任何数据，也不存在于内存空间中。而对象是类的一个具体存在，既拥有独立的内存空间，也存在独特的属性和行为，属性还可以随着自身的行为而发生改变。

实验 4-3 Person 类对象的创建和使用

【内容】

根据实验 4-1 设计的 Person 类创建多个对象,使用不同对象调用各自的方法进行属性赋值,输出相关属性的内容。

【思路】

使用 Person 类可以创建多个对象 p1、p2、p3 等,根据"对象名.属性名"和"对象名.方法名"可以调用各自对象的属性和方法。例如 p1.printMessage()、p2.printMessage()、p3.printMessage()分别输出 p1、p2、p3 的 3 个属性。

【代码】

```
package four;
public class PersonDemo {
    public static void main(String[] args) {
        Person p1=new Person();
        p1.setName("王鹏");
        p1.setAge(19);
        p1.setSex("男");
        p1.printMessage();
        Person p2=new Person();
        p2.setName("李佳");
        p2.setAge(18);
        p2.setSex("女");
        p2.printMessage();
        Person p3=new Person();
        p3.setName("赵娜");
        p3.setAge(19);
        p3.setSex("女");
        p3.printMessage();
    }
}
class Person{
    String name;
    int age;
    String sex;
    public void setName(String name){
        this.name=name;
    }
    public void setAge(int age) {
        this.age =age;
    }
    public void setSex(String sex) {
        this.sex =sex;
```

```
    }
    public void printMessage(){
        System.out.println("姓名是"+name+",年龄是"+age+",性别是"+sex);
    }
}
```

【运行结果】

在测试类 PersonDemo 的 main()方法中,创建 3 个 Person 对象 p1、p2 和 p3,使用对属性进行赋值的 3 个实例方法对各自的 3 个属性赋值,然后使用 printMessage()方法输出各个对象的属性值,如图 4-3 所示。

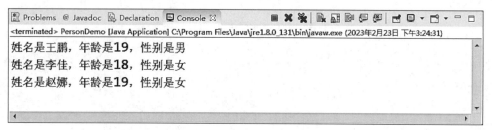

图 4-3　多个 Person 对象的创建

实验 4-4　圆形类对象的创建和使用

【内容】

根据实验 4-2 设计的 Circle 类创建多个对象,使用不同对象调用各自的方法对属性赋值,输出相关属性的内容。

【思路】

使用 Circle 类创建两个对象 c1 和 c2,根据"对象名.属性名"和"对象名.方法名"可以调用各自对象的属性和方法。例如,c1.printRadius ()、c2.printRadius ()分别输出各自的半径值。

【代码】

```
package four;
public class CircleDemo {
    public static void main(String[] args) {
        Circle c1=new Circle();
        c1.setRadius(2.2);
        c1.printRadius();
        Circle c2=new Circle();
        c2.setRadius(2.5);
        c2.printRadius();
    }
}
class Circle{
    double radius;
```

```
public void setRadius(double radius) {
    this.radius = radius;
}
public void printRadius(){
    System.out.println("这个圆的半径是:"+radius);
}
}
```

【运行结果】

在测试类 CircleDemo 的 main()方法中,创建两个 Circle 对象 c1 和 c2,使用对属性进行赋值的实例方法对各自的属性赋值,然后使用 printRadius()方法输出各对象的属性值,如图 4-4 所示。

图 4-4　多个 Circle 对象的创建

4.3　构造方法

构造方法必须以类名作为方法的名称,不返回任何值,也就是说构造方法是以类名为名称的特殊方法。在 Java 中,最少要有一个构造方法。类的构造方法可以显式定义也可以隐式定义,显式定义的意思是说在类中已经写好了构造方法的代码;隐式定义是指如果在一个类中没有定义构造方法,系统在解释时会分配一个默认的构造方法,这个构造方法只是一个空壳,没有参数,也没有方法体,类的所有属性系统将根据其数据类型默认赋值。

实验 4-5　Person 类构造方法

【内容】

为实验 4-3 设计的 Person 类创建两个构造方法。

(1) 无参数的构造方法,方法体为空。

(2) 带有 3 个参数的构造方法,为 Person 类的三个属性姓名(name)、年龄(age)和性别(sex)赋值。

【思路】

(1) 在 Java 继承机制下,创建子类对象时,Java 系统会默认调用子类的无参数的构造方法。如果一个类中显式定义了构造方法,则系统就不会再提供默认的无参数构造方法。为了避免子类对象创建时找不到无参数构造方法的潜在风险,通常为类定义显式的无参数构造方法。

(2) Person 类有 3 个属性,为 Person 类定义一个构造方法,为 3 个属性进行赋值。

（3）创建对象时，系统根据提供的实际参数自动调用相应的构造方法，进行初始化对象。

【代码】

```java
package four;
public class PersonDemo {
    public static void main(String[] args) {
        Person p4=new Person();
        p4.printMessage();
        Person p5=new Person("刘雨",19,"女");
        p5.printMessage();
    }
}
class Person{
    String name;
    int age;
    String sex;
    public Person(){
    }
    public Person(String name,int age,String sex){
        this.name=name;
        this.age=age;
        this.sex=sex;
    }
    public void setName(String name){
        this.name=name;
    }
    public void setAge(int age) {
        this.age =age;
    }
    public void setSex(String sex) {
        this.sex =sex;
    }
    public void printMessage(){
        System.out.println("姓名是"+name+",年龄是"+age+",性别是"+sex);
    }
}
```

【运行结果】

在测试类 PersonDemo 的 main()方法中，使用定义的两个构造方法分别创建两个 Person 对象 p4 和 p5，然后使用 printMessage()方法输出各对象的属性值。如图 4-5 所示，对象 p4 的属性值为默认值，对象 p5 的属性值是使用构造方法时传递的参数值。

实验 4-6　圆形类构造方法

【内容】

为实验 4-4 设计的圆形类创建两个构造方法。

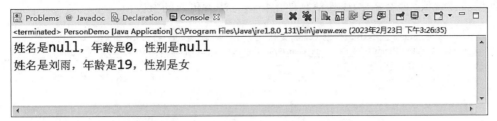

图 4-5　不同构造方法创建对象

（1）无参数的构造方法，方法体为空。

（2）带有一个参数的构造方法，为圆形类的属性半径（radius）赋值。

【思路】

（1）定义无参数的构造方法，默认值为 double 类型的值 0.0。

（2）定义一个参数的构造方法，通过传递的参数为半径赋值。

（3）创建对象时，系统根据提供的实际参数自动调用相应的构造方法，进行初始化对象。

【代码】

```java
package four;
public class CircleDemo {
    public static void main(String[] args) {
        Circle c3=new Circle();
        c3.printRadius();
        Circle c4=new Circle(2.6);
        c4.printRadius();
    }
}
class Circle{
    double radius;
    public Circle(){
    }
    public Circle(double radius){
        this.radius=radius;
    }
    public void setRadius(double radius) {
        this.radius =radius;
    }
    public void printRadius(){
        System.out.println("这个圆的半径是:"+radius);
    }
}
```

【运行结果】

在测试类 CircleDemo 的 main()方法中，使用定义的两个构造方法分别创建两个 Circle 对象 c3 和 c4，然后使用 printRadius()方法输出各对象的属性值。如图 4-6 所示，对象 c3 的属性值为默认值,对象 c4 的属性值是使用构造方法时传递的参数值。

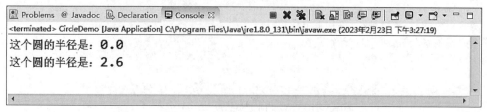

图 4-6   不同构造方法创建对象

4.4   this 关键字

每个对象都有一个名为 this 的引用,它指向当前对象本身。

实验 4-7   this 的使用

【内容】

使用 this 关键字调用本类中的属性、成员方法和构造方法。

【思路】

(1) 使用 this 调用本类中的属性,也就是类中的成员变量。

(2) 在成员方法中使用 this 调用其他成员方法。

(3) 在构造方法中使用 this 调用其他构造方法。

【代码】

```java
package four;
public class PersonDemo {
    public static void main(String[] args) {
        Person p6=new Person("王鹏",20,"男");
        p6.printMessageAgain();
    }
}
class Person{
    String name;
    int age;
    String sex;
    public Person(){
    }
    public Person(String name,int age){
        this.name=name;
        this.age=age;
    }
    public Person(String name,int age,String sex){
        this(name,age);
        this.sex=sex;
```

```
    }
    public void setName(String name){
        this.name=name;
    }
    public void setAge(int age) {
        this.age =age;
    }
    public void setSex(String sex) {
        this.sex =sex;
    }
    public void printMessage(){
        System.out.println("姓名是"+name+",年龄是"+age+",性别是"+sex);
    }
    public void printMessageAgain(){
        this.printMessage();
    }
}
```

【运行结果】

创建 Person 对象 p6 时,使用了 3 个参数的构造方法,在此构造方法中使用了 this 关键字调用了两个参数的构造方法。在实例方法 printMessageAgain()中使用了 this 关键字调用了另外一个实例方法 printMessage()。运行结果如图 4-7 所示。

图 4-7　实验 4-7 的运行结果

4.5　方法的重载

方法的重载是实现多态的一种方法。在面向对象的程序设计语言中,有一些方法的含义相同,但带有不同的参数,这些方法使用相同的名字,这是方法的重载。也就是说,重载是指在同一类内具有相同名称的多个方法,这些同名的方法如果参数个数不同,或者是参数个数相同,但类型不同,则这些同名的方法就具有不同的功能。

实验 4-8　构造方法和成员方法的重载

【内容】

(1) 在 Person 类中定义 4 个构造方法,各构造方法具有不同的参数。

(2) 在 Person 类中定义 3 个同名的成员方法,每个方法参数数量或参数的数据类型不同。

【思路】

(1) 在 Person 类中定义包含一个无参数的构造方法；定义只有一个参数的构造方法，对姓名(name)进行赋值；定义包含两个参数的构造方法，对姓名(name)和年龄(age)进行赋值；定义包含 3 个参数的构造方法，对姓名(name)、年龄(age)和性别(sex)分别赋值。

(2) 在 Person 类中定义一个 isSame()方法，此方法有一个参数 name，比较当前学生和指定学生的姓名是否相等，如果相等，则是同一个学生，如果不相等，则不是同一个学生；定义第二个 isSame()方法，此方法有两个参数 name 和 age，比较当前学生和指定学生的姓名和年龄是否同时相等，如果同时相等，则是同一个学生，如果不相等，则不是同一个学生；定义第三个 isSame()方法，此方法有 3 个参数 name、age 和 sex，比较当前学生和指定学生的姓名、年龄和性别是否同时相等，如果同时相等，则是同一个学生，如果不相等，则不是同一个学生。

【代码】

```
package four;
public class PersonDemo {
    public static void main(String[] args) {
        Person p6=new Person("王鹏",20,"男");
        p6.isSame("王鹏");
        p6.isSame("王鹏",19);
        p6.isSame("王鹏",19, "男");
    }
}
class Person{
    String name;
    int age;
    String sex;
    public Person(){
    }
    public Person(String name,int age){
        this.name=name;
        this.age=age;
    }
    public Person(String name,int age,String sex){
        this(name,age);
        this.sex=sex;
    }
    public void setName(String name){
        this.name=name;
    }
    public void setAge(int age) {
        this.age =age;
    }
    public void setSex(String sex) {
```

```java
        this.sex = sex;
    }
    public void printMessage() {
        System.out.println("姓名是"+name+",年龄是"+age+",性别是"+sex);
    }
    public void printMessageAgain() {
        this.printMessage();
    }
    public void isSame(String name) {
        if(this.name==name) {
            System.out.println("根据姓名判断是同一个学生");
        }else{
            System.out.println("根据姓名判断不是同一个学生");
        }
    }
    public void isSame(String name,int age) {
        if((this.name==name)&&(this.age==age)) {
            System.out.println("根据姓名和年龄判断是同一个学生");
        }else{
            System.out.println("根据姓名和年龄判断不是同一个学生");
        }
    }
    public void isSame(String name,int age,String sex) {
        if((this.name==name)&&(this.age==age)&&(this.sex==sex)) {
            System.out.println("根据姓名、年龄和性别判断是同一个学生");
        }else{
            System.out.println("根据姓名、年龄和性别判断不是同一个学生");
        }
    }
}
```

【运行结果】

如图 4-8 所示，使用了重载的 isSame()方法对传递的参数分别进行了比较。

图 4-8　方法的重载

4.6　静态成员

用 static 修饰的属性称为静态属性或类属性。静态属性属于类的共有属性,由该类创建的所有对象共享同一个 static 属性。使用 static 修饰的成员方法,称为静态方法,无须创建类的实例就可以调用静态方法,静态方法可以通过类名调用。

实验 4-9　图书销量之静态属性

【内容】

商品的销售过程中需要对销量进行统计。在销售系统中,每出售一本书就创建一个图书对象,包含书名、价格和销售日期。统计图书的总销量。

【思路】

(1) 定义图书类 Book,包括书名(name)、价格(price)和销售日期(saledate)3 个属性,其中书名的数据类型是 String,价格的数据类型是 double,销售日期的数据类型是 String。

(2) 图书的总销售量是每个图书类对象的共享属性,应该定义为静态属性,数据类型是 int。

(3) 每次创建 Book 对象时,静态属性应增加 1,用于统计出售了多少本书。

【代码】

```java
package four;
public class BookDemo {
    public static void main(String[] args) {
        Book b1=new Book("Java",59,"2023-2-9");
        Book b2=new Book("数据库",49,"2023-2-10");
        Book b3=new Book("Sql Server",69,"2023-2-11");
        System.out.println("共出售了"+Book.number+"本书。");
    }
}
class Book{
    String name;
    double price;
    String saledate;
    static int number=0;
    Book(){
        number++;
    }
    Book(String name,double price,String saledate){
        this.name=name;
        this.price=price;
        this.saledate=saledate;
        number++;
    }
}
```

【运行结果】

每创建一个对象,静态属性进行加 1 的操作,使用"类名.静态属性名"输出共出售了多少本书,如图 4-9 所示。

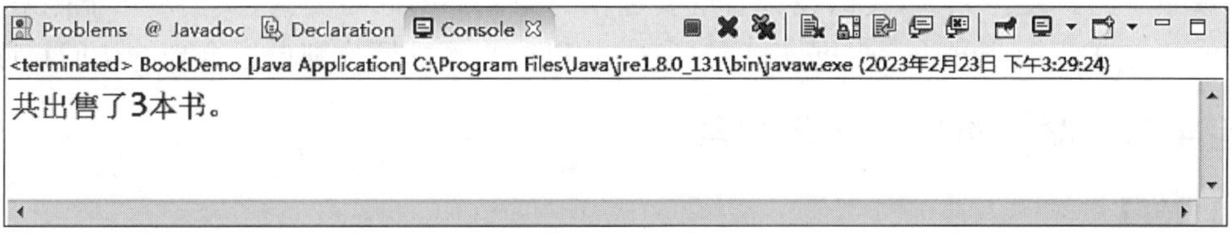

```
Problems  @ Javadoc  Declaration  Console ✕        ■ ✕ ☊ | ☊ ☊ ☊ ☊ ☊ | ☊ ☊ ▾ ☊ ▾ □ □
<terminated> BookDemo [Java Application] C:\Program Files\Java\jre1.8.0_131\bin\javaw.exe (2023年2月23日 下午3:29:24)
共出售了3本书。
```

图 4-9　静态属性

实验 4-10　角度转换之静态方法

【内容】

设计一个实现角度转换的工具类,实现角度和弧度的互相转换。

【思路】

(1) 角度和弧度的相互转换需要设计两个方法。

(2) 角度和弧度转换是数学计算中的常用方法,将这两个方法定义为静态方法。静态方法可以直接通过类名来调用,无须创建对象调用。

【代码】

```java
package four;
public class AngleConverterDemo {
    public static void main(String[] args) {
        System.out.println(AngleConverter.degTorad(60));
    }
}
class AngleConverter{
    static double degTorad(double degree){
        return Math.PI * degree/180;
    }
    static double radTodeg(double radian){
        return 180 * radian/Math.PI;
    }
}
```

【运行结果】

在测试类 AngleConverterDemo 的 main()方法中,直接使用了"类名.静态方法名"对角度进行转换,如图 4-10 所示。

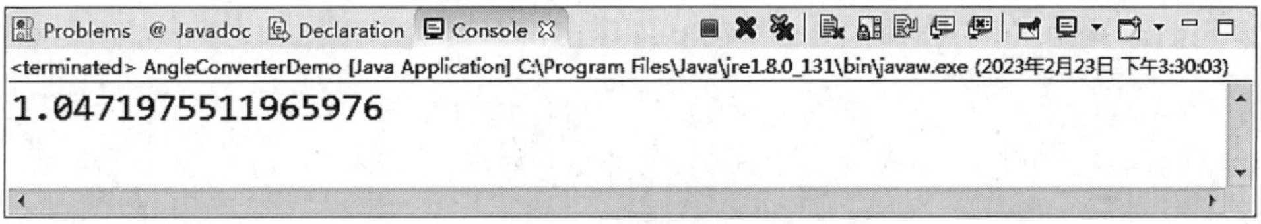

```
Problems  @ Javadoc  Declaration  Console ✕        ■ ✕ ☊ | ☊ ☊ ☊ ☊ ☊ | ☊ ☊ ▾ ☊ ▾ □
<terminated> AngleConverterDemo [Java Application] C:\Program Files\Java\jre1.8.0_131\bin\javaw.exe (2023年2月23日 下午3:30:03)
1.0471975511965976
```

图 4-10　静态方法

4.7　成员访问控制

按照类的封装性原则,类的设计者既要提供类与外部的联系方式,又要尽可能隐藏类的实现细节。这就要求设计者根据实际需要,为类和类中的成员分别设置合理的访问权限。

实验 4-11　学生类成员访问权限

【内容】

定义学生类,对其成员设置不同的权限。

(1) 定义 3 个属性,分别是学号(id)、姓名(name)和年龄(age),学号的数据类型为 String,姓名的数据类型为 String,年龄的数据类型为 int。

(2) 定义两个构造方法,一个是方法体为空的构造方法;另一个是对 3 个属性进行赋值的构造方法。

(3) 为了保证成员信息的安全性,规定在类外部不可直接访问学号、姓名和年龄的属性值。

【思路】

(1) Java 通过权限修饰符来实现对成员的访问控制。

(2) 由于学号、姓名和年龄在类外部不可访问,需要将其权限修饰符定义为私有(private)。

(3) 通常私有属性需要提供外部访问的公有方法来对属性进行操作,包括设置方法(设置私有属性的值)和获取方法(获取私有属性的值)。

(4) 在类外,通过公有方法来访问对应的私有属性。

【代码】

```java
package four;
public class StudentDemo {
    public static void main(String[] args) {
        Student s=new Student();
        s.setName("王鹏");
        s.setId("202210101");
        s.setAge(18);
        System.out.println("学号是:"+s.getId()+",姓名是:"+s.getName()+",年龄
是:"+s.getAge());
    }
}
class Student{
    private String id;
    private String name;
    private int age;
    Student(){
    }
    Student(String id,String name,int age){
```

```
        this.id=id;
        this.name=name;
        this.age=age;
    }
    public String getId() {
        return id;
    }
    public void setId(String id) {
        this.id =id;
    }
    public String getName() {
        return name;
    }
    public void setName(String name) {
        this.name =name;
    }
    public int getAge() {
        return age;
    }
    public void setAge(int age) {
        this.age =age;
    }
}
```

【运行结果】

在测试类 StudentDemo 的 main() 方法中，创建 Student 对象后，使用设置方法和获取方法对私有属性进行操作，如图 4-11 所示。

图 4-11 成员访问权限

自测题

1. 设计一个计算器 Calculator，用于进行简单的计算。

（1）两个属性 x 和 y，存储进行计算的数据，两个属性访问权限为私有的。

（2）两个构造方法，一个是无参数的构造方法；另一个是对两个属性赋值的构造方法。

（3）对两个属性操作的方法，包括设置方法（设置私有属性的值）和获取方法（获取私有属性的值）。

（4）对两个属性 x 和 y 进行运算的 5 个方法：加（add）、减（sub）、乘（multiply）、除

(divide)和取余(remainder)。

(5) 设计测试类 CalculatorSelfTest,在 main()方法中创建计算器对象,进行两个整数的加、减、乘、除和取余运算。

2. 设计一个圆形工具类 Circle,计算圆形的周长和面积。

(1) 定义两个方法,分别是计算周长和计算面积。

(2) 这两个方法定义为静态方法,直接通过类名调用即可。

(3) 设计测试类 CircleSelfTest,在 main()方法中无须创建对象,直接通过类名调用。

上机实验 5
继承和多态

实验目的：

◆ 掌握继承的概念和实现。

◆ 掌握方法的重写。

◆ 掌握抽象类和抽象方法的概念和实现。

◆ 掌握接口的概念和实现。

◆ 掌握多态的概念，能够使用多态思想解决具体问题。

5.1　类的继承

继承是面向对象的另一大特征，它用于描述类的所属关系，多个类通过继承形成一个关系体系。继承是在原有类的基础上扩展新的功能，实现了代码的复用。

实验 5-1　学生类

【内容】

设计父类 People，People 类具有以下成员。

（1）包含 3 个属性：姓名（name）、年龄（age）和性别（sex）。

（2）两个构造方法。一个是无参数构造方法，用于输出"***创建了父类对象***"另一个构造方法需要传递一个参数，为姓名（name）赋值，最后输出变量 name 的值及"创建了父类对象"。

（3）两个实例方法。eat()方法输出"已经吃饭了"；work()方法输出"开始工作了"。

设计子类 Student，Student 类是 People 的子类，Student 类具有以下成员。

（1）增加两个属性：学号（id）和年级（grade）。

（2）含有一个参数的构造方法，为姓名（name）赋值，输出变量 name 的值及"创建了子类对象"。

（3）work()方法输出"开始上学了"。

（4）exam()方法输出"我要考个好成绩"。

【思路】

（1）父类 People 三个属性的数据类型分别为：姓名（name）和性别（sex）是 String 类

型,年龄(age)是 int 类型。

(2) 父类 People 中第一个无参数的构造方法,使用 System.out.println()方法输出"***创建了父类对象***"。第二个构造方法需要传递一个参数,这个参数的值赋给姓名(name),然后使用 System.out.println()方法输出 name 的值＋"创建了父类对象"。

(3) eat()方法和 work()方法使用 System.out.println()方法分别输出"已经吃饭了"和"开始工作了"。

(4) 子类 Student 中新增学号(id)和年级(grade)两个属性的数据类型都是 String 类型。

(5) 子类 Student 中的一个参数的构造方法,需要传递一个参数,这个参数的值赋给姓名(name),然后使用 System.out.println()方法输出 name 的值＋"创建了子类对象"。

(6) 在子类 Student 中重写父类的成员方法 work(),使用 System.out.println()方法输出"开始上学了"。定义 exam()方法,使用 System.out.println()方法输出"我要考个好成绩"。

【代码】

```java
package five;
public class StudentInheritDemo {
    public static void main(String[] args) {
        People p=new People("王鹏");
        p.eat();
        p.work();
        System.out.println("--------------------");
        Student s=new Student("张丽");
        s.eat();
        s.work();
        s.exam();
    }

}
class People{
    String name;
    int age;
    String sex;
    People(){
        System.out.println("***创建了父类对象***");
    }
    People(String name){
        this.name=name;
        System.out.println(name+"***创建了父类对象***");
    }
    public void eat(){
        System.out.println("已经吃饭了");
    }
```

```
    public void work(){
        System.out.println("开始工作了");
    }
}
class Student extends People{
    String id;
    String grade;
    Student(String name){
        this.name=name;
        System.out.println(name+"***创建了子类对象***");
    }
    public void work(){
        System.out.println("开始学习了");
    }
    public void exam(){
        System.out.println("我要考个好成绩");
    }
}
```

【运行结果】

如图 5-1 所示,在测试类 StudentInheritDemo 中,使用父类创建对象 p,调用一个参数的构造方法,输出"王鹏***创建了父类对象***",使用 p.eat()输出"已经吃饭了",使用 p.work()输出"开始工作了"。使用子类创建对象 s,调用一个参数的构造方法,子类继承父类,子类的构造方法会自动调用父类无参数的构造方法,因此先输出"***创建了父类对象***",然后输出"张丽***创建了子类对象***"。子类重写了父类的 work()方法,使用 s.work()时,会调用子类重写的 work()方法,输出"开始学习了"。

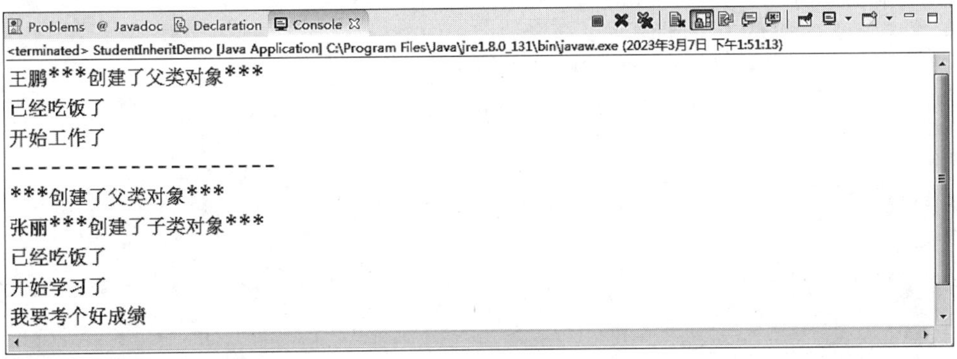

图 5-1 学生类

实验 5-2 员工类

【内容】

设计员工类 Employee,员工类具有以下成员。

(1) 包括两个属性: 姓名(name)和基本工资(salary)。

（2）两个构造方法。一个是无参数的构造方法；一个是包括两个参数的构造方法。

（3）两个实例方法。raiseSalary()方法用于调整员工的基本工资；toString()方法输出员工的基本信息。

设计经理类 Manager，员工有一类人员是经理。经理除了有普通员工的基本工资外，还有额外的奖金，因此经理的总工资是基本工资和奖金的总和。经理类具有以下成员。

（1）增加一个属性：奖金(bonus)。

（2）两个构造方法。一个是无参数的构造方法；一个是包括三个参数的构造方法。

（3）增加一个实例方法。getSalary()方法用于获得经理的总工资。

【思路】

（1）员工类 Employee 两个属性的数据类型分别为：姓名(name)是 String 类型，基本工资(salary)是 double 类型。

（2）员工类 Employee 的无参数的构造方法的方法体为空；两个参数的构造方法可以为姓名(name)和基本工资(salary)赋值。

（3）raiseSalary()方法需要传递一个 double 类型的参数，此方法按百分比为员工调整工资；toString()方法输出员工的姓名和基本工资。

（4）经理类 Manager 是员工类 Employee 的子类，添加了一个属性奖金(bonus)，数据类型是 double 类型。

（5）经理类 Manager 的无参数的构造方法的方法体为空；三个参数的构造方法可以为姓名(name)、基本工资(salary)和奖金(bonus)赋值，通过 super 关键字调用父类的构造方法。

（6）getSalary()方法是获得经理的总工资，是基本工资(salary)和奖金(bonus)的和。

（7）重写了父类的 toString()方法，输出经理的姓名、基本工资、奖金和总工资。

【代码】

```java
package five;
public class EmployeeDemo {
    public static void main(String[] args) {
        Employee e=new Employee("王丽", 3500);
        e.raiseSalary(20);
        System.out.println(e);
        Manager m=new Manager("刘宇", 5000, 1000);
        System.out.println(m);
    }
}
class Employee{
    String name;
    double salary;
    public Employee(){
    }
    public Employee(String name, double salary){
        this.name=name;
        this.salary=salary;
```

```
    }
    public void raiseSalary(double percent){
        salary=salary+salary*percent/100;
    }
    @Override
    public String toString() {
        return "Employee [name=" +name +", basicsalary=" +salary +"]";
    }
}
class Manager extends Employee{
    pr
    pr
    }
    p                              alary,double bonus){
```

```
                              +", basicsalary="
                         us +",totalsalary="
```

...mo 中,使用 Employee 创建对象 e,调用两个参数
的构...   ...过 raiseSalary()方法为员工调整工资,然后调用
toStr...   ...用子类 Manager 创建对象 m,调用构造方法为属
性赋...   ...本信息,在 toString()方法中调用了 getSalary()
方法...

```
                                      ⬛ ✖ ✖ 📄📄 📄📄 📄 ▯ ▤▾ ▯▾ ▾
a\jre1.8.0_131\bin\javaw.exe (2023年3月7日 下午1:57:55)
=4200.0]
5000.0,bonus=1000.0,totalsalary=6000.0]
```

图 5-2 员工类

5.2 方法的重写

在继承关系中,子类从父类中继承了可访问的方法,但有时从父类继承下来的方法不能

完全满足子类需要,这时就需要在子类方法中修改父类方法,即子类重新定义从父类中继承的成员方法,这个过程称为方法重写或覆盖。

实验 5-3 等边三角形类

【内容】

三角形具有三条边长,根据三条边可以计算周长和面积。等边三角形是一种特殊的三角形,特点是三条边相等。设计三角形类和等边三角形类,计算面积、周长以及输出三角形的信息。

【思路】

(1) 设计三角形类,包括三个属性,表示三条边,数据类型都为 int。

(2) 三角形类包括两个构造方法,一个是无参数的构造方法;一个是包括三个参数的构造方法,可以为三条边赋值。

(3) 定义三个实例方法,分别计算周长、面积和输出三角形的信息。

(4) 设计等边三角形,等边三角形是三角形的子类,包括两个构造方法,一个是无参数的构造方法;一个是包括一个参数的构造方法,此构造方法通过 super 关键字调用父类的构造方法为三条边赋值。

(5) 由于等边三角形三条边相等,需要重写父类中的三个实例方法。

【代码】

```java
package five;
public class TriangleDemo {
    public static void main(String[] args) {
        EquilateralTriangle et=new EquilateralTriangle(5);
        System.out.println(et);
        System.out.println("Perimeter is:"+et.getPerimeter());
        System.out.println("area is:"+et.getArea());
    }
}
class Triangle{
    int a,b,c;
    public Triangle(){
    }
    public Triangle(int a,int b,int c){
        this.a=a;
        this.b=b;
        this.c=c;
    }
    public int getPerimeter(){
        return a+b+c;
    }
    public double getArea(){
        double s=(double)(a+b+c)/2;
```

```
        double area=Math.sqrt(s * (s-a) * (s-b) * (s-c));
        return area;
    }
    public String toString() {
        return "Triangle [a=" +a +", b=" +b +", c=" +c +"]";
    }
}
class EquilateralTriangle extends Triangle{
    public EquilateralTriangle(){
    }
    public EquilateralTriangle(int l){
        super(l,l,l);
    }
    public int getPerimeter(){
        return 3 * a;
    }
    public double getArea(){
        return Math.sqrt(3) * a * a/4;
    }
    public String toString() {
        return "EquilateralTriangle [a=b=c="+a+"]";
    }
}
```

【运行结果】

如图 5-3 所示,创建边长等于 5 的等边三角形,通过重写父类的计算面积、计算周长和输出三角形信息的三个方法,在控制台中显示这个等边三角形的相关信息。

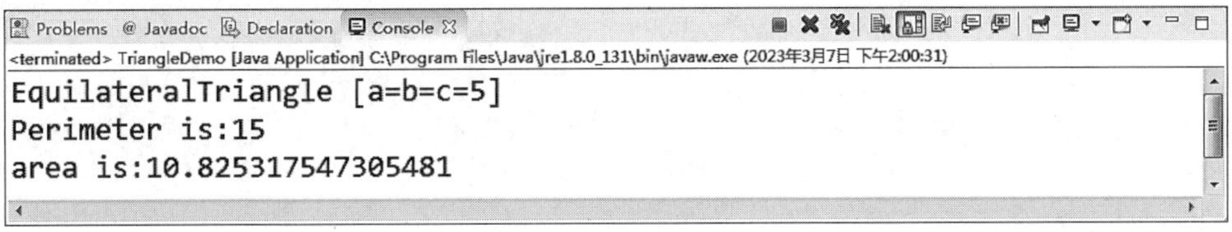

图 5-3 等边三角形

实验 5-4 动物类

【内容】

不同的动物会发出不同的叫声,小猫喵喵叫,小狗汪汪叫。设计不同的类,并通过重写方法实现不同动物的叫声。

【思路】

(1) 设计动物类 Animal,包括 cry()方法,输出内容"animal cry…"。

(2) 设计小猫类 Cat,小猫类继承了动物类 Animal,并重写了 cry()方法,输出内容"cat miaomiaomiao…"。

(3) 设计小狗类 Dog，小狗类继承了动物类 Animal，并重写了 cry()方法，输出内容"dog wangwangwang…"。

【代码】

```
package five;
public class AnimalDemo {
    public static void main(String[] args) {
        Animal a=new Animal();
        a.cry();
        Cat c=new Cat();
        c.cry();
        Dog d=new Dog();
        d.cry();
    }
}
class Animal{
    public void cry(){
        System.out.println("animal cry…");
    }
}
class Cat extends Animal{
    public void cry(){
        System.out.println("cat miaomiaomiao…");
    }
}
class Dog extends Animal{
    public void cry(){
        System.out.println("dog wangwangwang…");
    }
}
```

【运行结果】

如图 5-4 所示，在测试类中创建动物类对象，调用 cry()方法输出"animal cry…"，创建子类小猫类的对象，调用重写后的 cry()方法输出"cat miaomiaomiao…"，创建子类小狗类的对象，调用重写后的 cry()方法输出"dog wangwangwang…"。

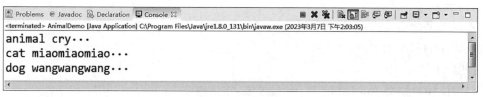

图 5-4   动物类

5.3　抽象类和接口

对于面向对象编程来说,抽象是它的特征之一。在 Java 中,可以通过两种形式来体现面向对象的抽象特点:接口和抽象类。

实验 5-5　打印机类

【内容】

设计打印机类 Printer,具有方法 printInfo(),用来输出打印机的类型。打印机有针式打印机、激光打印机和喷墨打印机,设计三个类 NeedlePrinter、LaserPrinter、InkjetPrinter,继承 Printer 类,具体实现 printInfo()方法。

【思路】

(1) Printer 是父类,父类中具有 printInfo()方法,但父类并没有打印机类型的信息,因此 printInfo()方法应为抽象方法,父类 Printer 是抽象类。

(2) NeedlePrinter、LaserPrinter、InkjetPrinter 是子类,继承了父类 Printer,因此需要重写父类的抽象方法 printInfo(),用于输出打印机的类型信息。

【代码】

```java
package five;
public class PrinterDemo {
    public static void main(String[] args) {
        NeedlePrinter np=new NeedlePrinter();
        np.printInfo();
        LaserPrinter lp=new LaserPrinter();
        lp.printInfo();
        InkjetPrinter ip=new InkjetPrinter();
        ip.printInfo();
    }
}
abstract class Printer{
    public abstract void printInfo();
}
class NeedlePrinter extends Printer{
    public void printInfo() {
        System.out.println("针式打印机");
    }
}
class LaserPrinter extends Printer{
    public void printInfo() {
        System.out.println("激光打印机");
    }
}
```

```
class InkjetPrinter extends Printer{
    public void printInfo() {
        System.out.println("喷墨打印机");
    }
}
```

【运行结果】

如图 5-5 所示,在测试类中分别创建针式打印机、激光打印机和喷墨打印机的对象,分别调用 printInfo()方法显示打印机的类型信息。

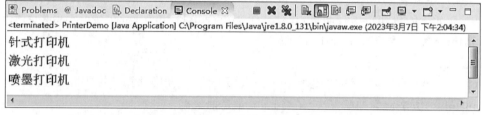

图 5-5　打印机类

实验 5-6　操作系统类

【内容】

设计操作系统类 OperatingSystem,具有方法 printSystemInfo (),用来输出操作系统的类型。操作系统有 Windows 操作系统、Linux 操作系统等,设计两个类 WindowsOperatingSystem 和 LinuxOperatingSystem,继承 OperatingSystem 类,具体实现 printSystemInfo()方法。

【思路】

(1) OperatingSystem 是父类,父类中具有 printSystemInfo()方法,但父类并没有操作系统类型的信息,因此 printSystemInfo()方法应为抽象方法,父类 OperatingSystem 是抽象类。

(2) WindowsOperatingSystem 和 LinuxOperatingSystem 是子类,继承了父类 OperatingSystem,因此需要重写父类的抽象方法 printSystemInfo (),用于输出操作系统的类型信息。

【代码】

```
package five;
public class OperatingSystemDemo {
    public static void main(String[] args) {
        WindowsOperatingSystem wop=new WindowsOperatingSystem();
        wop.printSystemInfo();
        LinuxOperatingSystem lop=new LinuxOperatingSystem();
        lop.printSystemInfo();
    }
}
abstract class OperatingSystem{
    public abstract void printSystemInfo();
```

```
}
class WindowsOperatingSystem extends OperatingSystem {
    public void printSystemInfo() {
        System.out.println("this is Windows operating system");
    }
}
class LinuxOperatingSystem extends OperatingSystem {
    public void printSystemInfo() {
        System.out.println("this is Linux operating system");
    }
}
```

【运行结果】

如图 5-6 所示，在测试类中分别创建 Windows 操作系统和 Linux 操作系统的对象，分别调用 printSystemInfo()方法显示操作系统的类型信息。

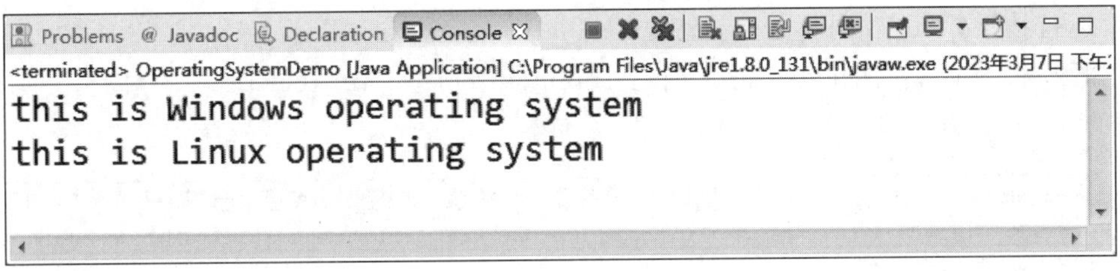

图 5-6　操作系统类

实验 5-7　报警接口

【内容】

普通的门没有报警功能，防盗门具有报警功能，设计一个有报警功能的方法，再设计两个类，重写报警功能的方法，显示是否能报警。

【思路】

(1) 报警功能可以通过接口定义，把报警功能的方法 alarm()定义为抽象方法。

(2) 定义两个类，一个是普通的门 CommonDoor，一个是防盗门 AntitheftDoor，这两个类都实现接口，并重写抽象方法 alarm()，显示是否有报警的功能。

【代码】

```
package five;
public class AlarmerDemo {
    public static void main(String[] args) {
        CommonDoor cd=new CommonDoor();
        cd.alarm();
        AntitheftDoor ad=new AntitheftDoor();
        ad.alarm();
    }
}
```

```
interface Alarmer{
    public void alarm();
}
class CommonDoor implements Alarmer{
    @ Override
    public void alarm() {
        System.out.println("普通门没有报警功能");
    }
}
class AntitheftDoor implements Alarmer{
    @ Override
    public void alarm() {
        System.out.println("防盗门的报警器嗡嗡地响");
    }
}
```

【运行结果】

如图 5-7 所示，在测试类中分别创建 CommonDoor 和 AntitheftDoor 的对象，分别调用重写的 alarm()方法显示是否有报警功能。

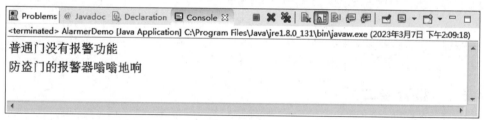

图 5-7　报警接口

实验 5-8　玩游戏接口

【内容】

计算机有玩游戏的功能，电视也有玩游戏的功能，定义一个玩游戏的方法，用于计算机和电视使用。

【思路】

(1) 定义接口 Game，包含抽象方法 playGame()。

(2) 定义两个类 Computer 和 Television，实现接口 Game，分别重写方法 playGame()，输出使用哪个设备玩游戏。

【代码】

```
package five;
public class GrameDemo {
    public static void main(String[] args) {
        Computer c=new Computer("联想计算机");
        c.playGame();
```

```
        Television t=new Television("小米电视");
        t.playGame();
    }
}
interface Game{
    public void playGame();
}
class Computer implements Game{
    private String name;
    public Computer(String name){
        this.name=name;
    }
    @ Override
    public void playGame() {
        System.out.println("使用"+name+"玩游戏");
    }
}
class Television implements Game{
    private String name;
    public Television(String name){
        this.name=name;
    }
    @ Override
    public void playGame() {
        System.out.println("使用"+name+"玩游戏");
    }
}
```

【运行结果】

如图 5-8 所示,在测试类中分别创建 Computer 和 Television 的对象,分别调用重写的 playGame()方法显示使用哪个设备玩游戏。

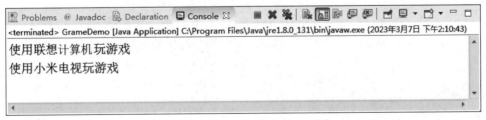

图 5-8　玩游戏接口

5.4　多态

多态意为一个名字可具有多个语义。在程序设计语言中,多态性是指“一种定义,多种实现”。在 Java 程序中,多态是指把类中具有相似功能的不同方法使用同一个方法名实现,从而可以使用相同的方式来调用这些具有不同功能的同名方法。

实验 5-9   打印机的参数

【内容】

打印机可以使用不同颜色的墨盒(如黑白色或彩色),可以使用不同的纸张(如 A4 或 B5)。用面向接口编程的方式开发,制定不同颜色墨盒的标准和不同纸张的标准,打印机要兼容所有墨盒和纸张。

【思路】

(1) 定义接口 InkBox 表示打印机使用的墨盒,其中包含一个表示墨盒颜色的抽象方法 getColor()。

(2) 定义接口 Paper 表示打印机使用的纸张,其中包含一个表示纸张大小的抽象方法 getSize()。

(3) 定义两个类 ColorInkBox 和 GrayInkBox,分别实现接口 InkBox,重写 getColor() 方法。

(4) 定义两个类 A4Paper 和 B5Paper,分别实现接口 Paper,重写 getSize() 方法。

(5) 定义打印机类 MyPrinter,其中包含一个方法 print(),需要传递两个参数,分别表示打印机打印时使用的墨盒颜色和纸张大小。两个参数的数据类型应定义为接口的类型,体现多态的概念。

【代码】

```java
package five;
public class PrintDemo {
    public static void main(String[] args) {
        InkBox inkBox =null;
        Paper paper =null;
        MyPrinter printer=new MyPrinter();
        inkBox=new GrayInkBox();
        paper=new A4Paper();
        printer.print(inkBox, paper);
        inkBox=new ColorInkBox();
        paper=new B5Paper();
        printer.print(inkBox, paper);
    }
}
interface InkBox {
    public String getColor();
}
interface Paper {
    public String getSize();
}
class A4Paper implements Paper{
    @ Override
```

```
        public String getSize() {
            return "A4";
        }
    }
class B5Paper implements Paper{
    @ Override
    public String getSize() {
            return "B5";
        }
    }
class ColorInkBox implements InkBox {
    public String getColor() {
            return "彩色";
        }
    }
class GrayInkBox implements InkBox {
    public String getColor() {
            return "黑白";
        }
    }
class MyPrinter  {
    public void print(InkBox inkBox,Paper paper){
        System.out.println("使用"+inkBox.getColor()+
                "墨盒在"+paper.getSize()+"纸张上打印。");
        }
    }
```

【运行结果】

如图 5-9 所示,在测试类中创建了两种墨盒的对象和两种纸张的对象,分别作为参数传递给 print()方法,显示打印机使用了哪种墨盒和哪种纸张。

图 5-9　打印机多态性

实验 5-10　银行利率

【内容】

设计银行类 Bank,其中包含计算利息的方法 CalculateInterest()。不同的银行年利率不同,设计两个具体银行类 ICBC 和 ABC 继承银行类 Bank,重写 CalculateInterest()方法。用户共有 10 万元,存入不同的银行计算利息。

【思路】

(1) 每个银行的利率不一样,银行类 Bank 应为抽象类,计算利息的方法 CalculateInterest()
应为抽象方法。

(2) 银行类 ICBC 和 ABC 继承了银行类 Bank,在声明 ICBC 和 ABC 的对象时可以使
用父类 Bank,创建对象时使用子类,体现多态性。

【代码】

```java
package five;
public class BankDemo {
    public static void main(String[] args) {
        Bank b[]=new Bank[2];
        b[0]=new ICBC();
        b[1]=new ABC();
        double
totalInterest=b[0].CalculateInterest(3,50000)+b[1].CalculateInterest(3,50000);
        System.out.println("10万元 3年的存款利息是:"+totalInterest);
    }
}
abstract class Bank{
    public abstract double CalculateInterest(int year,double money);
}
class ICBC extends Bank{
    public double CalculateInterest(int year,double money) {
        return money * 0.026 * 3;
    }
}
class ABC extends Bank{
    public double CalculateInterest(int year,double money) {
        return money * 0.028 * 3;
    }
}
```

【运行结果】

如图 5-10 所示,在测试类中定义了数组,类型是 Bank,为数组的每个元素赋值时采用
不同的子类创建,通过调用子类重写的方法计算利息。

图 5-10   银行多态性

自测题

1. 不同国家的语言。

设计父类 AllPeople，AllPeople 类具有以下成员。

（1）包含一个属性：姓名（name）。

（2）两个构造方法。一个是无参数构造方法；第二个构造方法需要传递一个参数，为姓名赋值。

（3）一个实例方法。say()方法输出 name 变量的值以及"say language"。

设计两个子类 Chinese 和 American，继承父类 AllPeople。

（1）在一个参数的构造方法中使用 super 关键字调用父类的构造方法。

（2）重写父类的实例方法 say()，Chinese 类输出 name 变量的值以及"say Chinese"；American 类输出 name 变量的值以及"say American"。

2. 成绩评定。

比赛选手的平均成绩是去掉一个最高分和最低分后再计算平均分，学生考试成绩是计算所有成绩的平均分。设计一个接口，包含抽象方法，表示计算平均成绩的方式；设计比赛选手类和学生类实现接口，重写抽象方法，表示计算不同对象的平均成绩。

上机实验 **6**
异 常

实验目的：

◆ 理解异常的概念。

◆ 掌握异常的处理方式。

◆ 掌握自定义异常。

6.1 异常处理

Java 使用 try…catch 语句来处理异常，将可能出现的异常放在 try…catch 语句的 try 部分，一旦 try 部分抛出异常，如调用某个抛出异常的方法抛出了异常对象，那么将立刻结束执行 try 部分，而转向执行相应的 catch 部分。

实验 6-1 数组越界异常

【内容】

访问数组里面的元素时，如果超出了数组索引的范围，会出现异常。使用 try…catch 语句捕获此类异常。

【思路】

定义一个整型数组，里面包含 5 个元素，为每个元素赋值后，访问索引值为 5 的元素，由于超出了数组索引的范围，会出现 ArrayIndexOutOfBoundsException 异常，使用 try…catch 语句捕获此异常。

【代码】

```
public class ArrayException {
    public static void main(String[] args) {
        int a[]=new int[5];
        for(int i=0;i<a.length;i++){
            a[i]=i;
        }
        try{
            System.out.println(a[5]);
        }catch(ArrayIndexOutOfBoundsException e){
```

```
            System.out.println("数组越界异常");
        }
    }
}
```

【运行结果】

如图 6-1 所示，程序运行访问 a［5］时，超出了数组的范围，出现 java.lang. ArrayIndexOutOfBoundsException 异常。

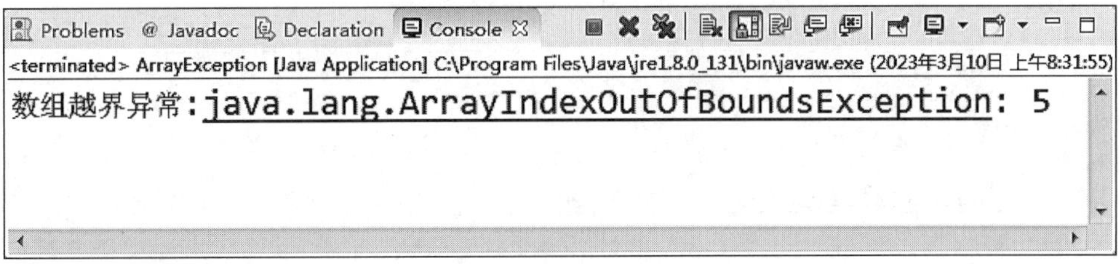

图 6-1　数组越界异常

实验 6-2　多异常处理

【内容】

从键盘输入两个整数，进行除运算。输入的数有以下要求。

（1）两个数都必须为整数。

（2）第二个数不能为零。

【思路】

请使用 Java 异常进行以下两个异常情况的处理。

（1）使用 Scanner 类的 nextInt（）方法读入数据，输入的不是整数，显示 InputMismatchException 异常。

（2）除数为 0，显示 ArithmeticException 异常。

【代码】

```java
import java.util.InputMismatchException;
import java.util.Scanner;
public class ArithmeticExceptionDemo {
    public static void main(String[] args) {
        Scanner s=new Scanner(System.in);
        System.out.println("输入两个整数:");
        try {
            int a=s.nextInt();
            int b=s.nextInt();
            int c=a/b;
            System.out.println(c);
        }catch(InputMismatchException e1) {
            System.out.println("异常信息:"+e1);
```

```
        }catch(ArithmeticException e2) {
            System.out.println("异常信息:"+e2);
        }
    }
}
```

【运行结果】

如图 6-2 所示,当输入的数不是整数时,提示 InputMismatchException 异常。如图 6-3 所示,当第二个数是 0 时,提示 ArithmeticException 异常。

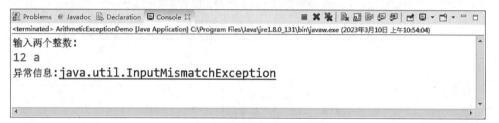

图 6-2　InputMismatchException 异常

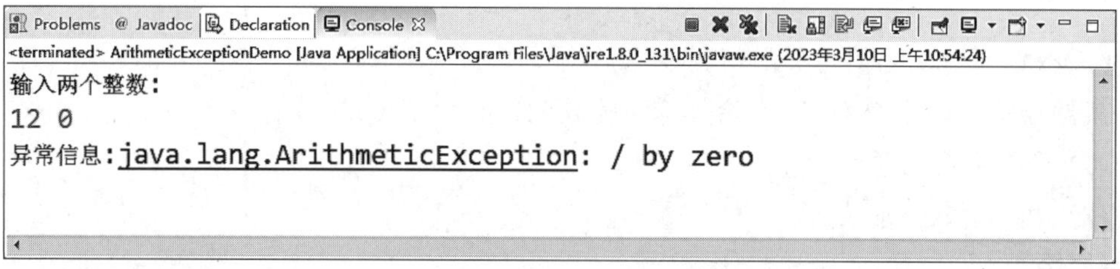

图 6-3　ArithmeticException 异常

6.2　自定义异常

在特定的问题领域,可以通过扩展 Exception 类或 RuntimeException 类来创建自定义的异常。异常类包含了和异常相关的信息。这有助于负责捕获异常的 catch 代码块准确地分析并处理异常。

实验 6-3　账户余额不足

【内容】

在银行业务系统中,用户取款时可能余额不足。使用 try…catch…finally 语句处理自定义异常。

(1) 自定义异常类 SelfDefineException 表示余额不足的异常。

(2) 定义银行类,包括取款方法 withdraw()。

(3) 在程序中读入账户余额和取款额,输出最终的账户余额。

【思路】

(1) 设计自定义异常类 SelfDefineException,处理银行业务中的余额不足的特殊情况。

（2）定义银行账户类 BankAccount，属性 balance 表示当前的账户余额，方法 withdraw（）实现账户取款操作。当取款额大于账户余额时，抛出 SelfDefineException 异常。

（3）在 main（）方法中定义账户名、余额，调用 withdraw（）方法进行取款操作，使用 try…catch 语句捕获异常。

【代码】

```
import java.util.Scanner;
public class SelfDefineExceptionDemo {
    public static void main(String[] args) {
        BankAccount ba=new BankAccount("小明",500);
        Scanner s=new Scanner(System.in);
        System.out.println("请输入取款额：");
        double amount=s.nextDouble();
        try {
            ba.withdraw(amount);
        }catch(SelfDefineException e) {
            System.out.println(e.toString());
        }finally {
            System.out.println("账户余额为："+ba.getBalance());
        }
    }
}
class SelfDefineException extends Exception{
    double amount;
    public SelfDefineException(double amount) {
        this.amount=amount;
    }
    public String toString() {
        return "账号余额不足:"+amount;
    }
}
class BankAccount{
    private String name;
    private double balance;
    public BankAccount(String name) {
        this.name=name;
    }
    public BankAccount(String name,double balance) {
        this.name=name;
        this.balance=balance;
    }
    public double getBalance() {
        return balance;
```

```
    }
    public void withdraw(double amount) throws SelfDefineException{
        if(amount>this.balance) {
            throw new SelfDefineException(amount);
        }
        this.balance-=amount;
    }
}
```

【运行结果】

如图 6-4 所示,当输入取款额 501 时,显示账户余额不足的异常信息。

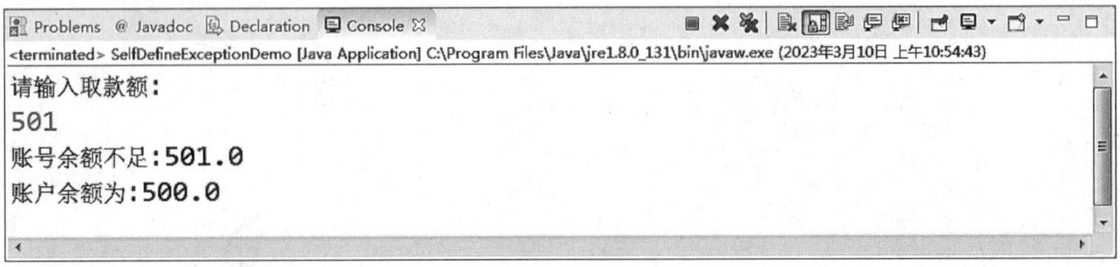

图 6-4　账户余额不足

实验 6-4　计算机异常

【内容】

定义一个 Computer 类,包括属性 state,表示为状态码。包括一个 run()方法对 state 进行判断,当 state 为 1 时,在方法里显示"计算机正常运行";当 state 为 2 时,在方法里抛出自定义异常 LanPingException,显示"计算机蓝屏了";当 state 为 3 时,在方法里抛出自定义异常 ZhaoHuoException,显示"计算机着火了"。

【思路】

(1) 首先自定义两个异常类,分别是 LanPingException 和 ZhaoHuoException。

(2) 在 Computer 类中定义它的私有属性 state,在 run()方法中定义状态码的三种情形下的不同显示结果,在不同的状态码下捕获异常并抛出。

(3) 在测试类中,创建 Computer 对象,运行 run()方法,并对该方法进行 try…catch 处理,最后打印异常信息。

【代码】

```
import java.util.Scanner;
public class ComputerExceptionDemo {
    public static void main(String[] args) {
        Computer c=new Computer();
        Scanner s=new Scanner(System.in);
        System.out.println("请输入 1-2-3 中任何一个数字:");
        int a=s.nextInt();
        c.setState(a);
```

```java
        try {
            c.run();
        }catch(LanPingException e) {
            System.out.println(e.toString());
        }catch(ZhaoHuoException e) {
            System.out.println(e.toString());
        }
    }
}
class LanPingException extends Exception{
    public LanPingException() {
    }
    public LanPingException(String message) {
        super(message);
    }
}
class ZhaoHuoException extends Exception{
    public ZhaoHuoException() {
    }
    public ZhaoHuoException(String message) {
        super(message);
    }
}
class Computer{
    private int state;
    public Computer() {
    }
    public Computer(int state) {
        this.state=state;
    }
    public int getState() {
        return state;
    }
    public void setState(int state) {
        this.state =state;
    }
    public void run() throws LanPingException,ZhaoHuoException{
        if(state==1) {
            System.out.println("计算机正常运行");
        }else if(state==2) {
            throw new LanPingException("计算机蓝屏了");
        }else if(state==3) {
            throw new ZhaoHuoException("计算机着火了");
        }
    }
}
```

【运行结果】

如图 6-5 所示，从键盘输入整数 2，捕获了 LanPingException 异常信息。

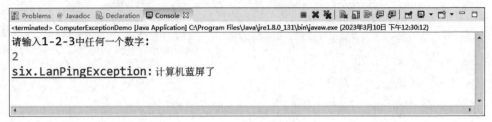

图 6-5 计算机异常

自测题

1. 从键盘输入一个整数，如果输入的是整数，则显示输入的内容；如果输入的不是整数，显示异常信息。请编写程序捕获此异常。

2. 从键盘输入一个数字表示取款金额，如果是正数则输出"取款 xxx"，如果是负数则输出"错误，取款金额 xxx 为负数。"自定义异常类表示取款金额为负数的异常。

上机实验 **7**
Java 常用系统类

实验目的：

◆ 掌握字符串的使用方法。

◆ 掌握 Math 类和 Random 类的使用方法。

◆ 掌握日期类的使用方法。

◆ 掌握 System 类和 Runtime 类的使用方法。

7.1 字符串类

在程序开发中经常会用到字符串。字符串是指一连串的字符，它是由许多个字符连接而成的，如多个英文字母所组成的一个英文单词。字符串中可以包含任意字符，这些字符必须包含在一对双引号" "之内，例如"abc"。Java 中定义了 3 个封装字符串的类，分别是 String 类、StringBuffer 类和 StringBuilder 类，它们位于 Java.lang 包中，并提供了一系列操作字符串的方法，这些方法不需要导包就可以直接使用。

实验 7-1　提取大写字母

【内容】

从键盘输入任意一行字符串，提取并输出其中的大写字母。例如，输入的内容为" agabDAS12**F"，则输出结果为"DASF"。

【思路】

（1）使用 Scanner 类从键盘输入数据，定义 String 对象 str 接收字符串。

（2）使用 String 类中的 charAt()方法逐一获得字符串中的每个字符，判断是否是大写字母，如果是，则追加到一个新的字符串中。

【代码】

```
package seven;
import java.util.Scanner;
public class ExtractLettersDemo {
    public static void main(String[] args) {
        Scanner s=new Scanner(System.in);
```

```
        System.out.println("请输入一行字符串:");
        String str=s.nextLine();
        String letters="";
        for(int i=0;i<str.length();i++) {
            if(str.charAt(i)>=65&&str.charAt(i)<=90) {
                letters+=String.valueOf(str.charAt(i));
            }
        }
        System.out.println(letters);
    }
}
```

【运行结果】

如图 7-1 所示,输入字符串"agabDAS12**F",输出内容为"DASF"。

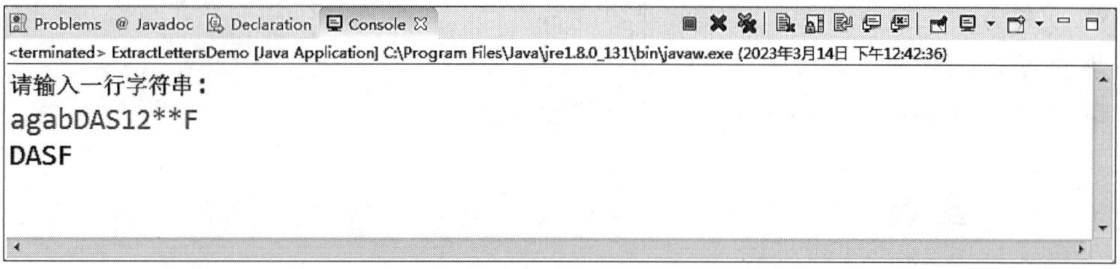

图 7-1　获得大写字母

实验 7-2　分解单词

【内容】

给定一个英文句子,将句子分割为单词并逐一输出,句子中单词之间的间隔可以为任意符号。本例中包含空格符、逗号和句号。

【思路】

(1) 定义一个 String 类型的对象 str,用于存放英文句子。

(2) 使用 String 类的 split()方法对英文句子进行分割,split()方法的参数为正则表达式。

(3) 使用 for 循环依次输出 split()方法分割后获得数组中的元素,一行显示 5 个单词。

【代码】

```
package seven;
public class ExtractWordsDemo {
    public static void main(String[] args) {
        String str="I am a student,my specailty is Computer.";
        String s[]=str.split(" |\\,|\\.");
        for(int i=0;i<s.length;i++) {
            if(i!=0&&i%5==0) {
                System.out.println();
            }
```

```
        System.out.print(s[i]+" ");
    }
  }
}
```

【运行结果】

如图 7-2 所示,将字符串 str 中的所有单词依次输出。

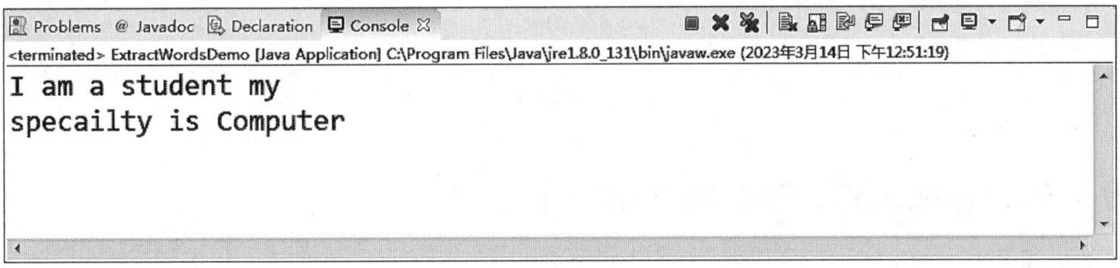

图 7-2　分解单词

实验 7-3　回文字符串

【内容】

从键盘输入一行字符串,判断此字符串是否是回文字符串。回文字符串是指一个字符串正着读和反着读是一样的内容,如"我是谁是我"。

【思路】

(1) 使用 Scanner 类从键盘输入一行字符串,存放到变量 str 中。

(2) 依次对从正向提取的一个字符和从反向提取的一个字符进行比较,如果都相等,代表是回文字符串;如果不相等,代表不是回文字符串。

【代码】

```java
package seven;
import java.util.Scanner;
public class PalindromeStringDemo {
    public static void main(String[] args) {
        Scanner s=new Scanner(System.in);
        System.out.println("请输入一个字符串:");
        String str=s.nextLine();
        for(int i=0;i<str.length();i++) {
            if(str.charAt(i)==str.charAt(str.length()-1-i)) {
                continue;
            }else {
                System.out.println("不是回文字符串");
                return;
            }
        }
        System.out.println("是回文字符串");
    }
}
```

【运行结果】

如图 7-3 所示,输入字符串 abcba,显示是回文字符串。

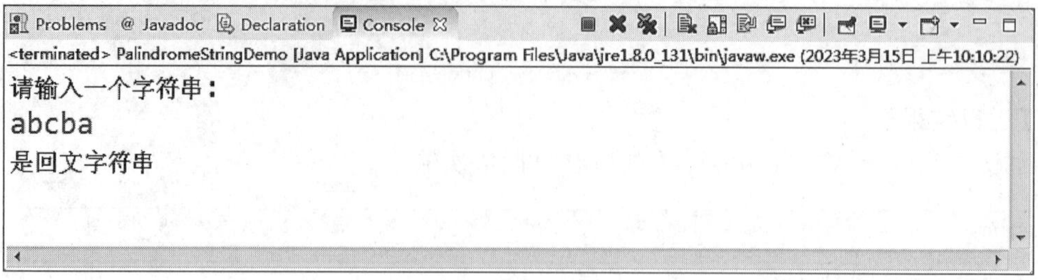

图 7-3   回文字符串

实验 7-4   StringBuffer 判断回文字符串

【内容】

从键盘输入一行字符串,使用 StringBuffer 类判断此字符串是否是回文字符串。

【思路】

(1) 使用 Scanner 类从键盘输入一行字符串,存放到变量 str 中。

(2) 把字符串 str 封装到 StringBuffer 的对象中。

(3) 使用 StringBuffer 类中的 reverse()方法对字符串进行反转。

(4) 判断原来的字符串和反转的字符串是否相等。如果相等,代表是回文字符串;如果不相等,代表不是回文字符串。

【代码】

```java
package seven;
import java.util.Scanner;
public class PalindromeStringBufferDemo {
    public static void main(String[] args) {
        Scanner s=new Scanner(System.in);
        System.out.println("请输入一个字符串:");
        String str1=s.nextLine();
        StringBuffer strb=new StringBuffer(str1);
        String str2=strb.reverse().toString();
        if(str1.equals(str2)) {
            System.out.println("是回文字符串");
        }else {
            System.out.println("不是回文字符串");
        }
    }
}
```

【运行结果】

如图 7-4 所示,输入字符串 abcddcba,显示是回文字符串。

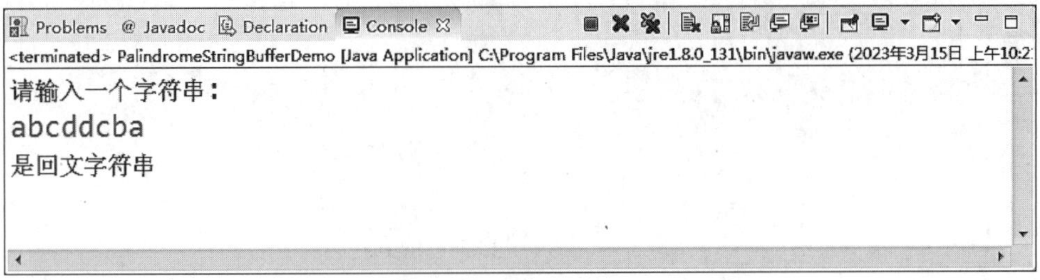

图 7-4　判断回文字符串

实验 7-5　金额三位分法

【内容】

三位分法指在表示一个金额时,小数点两边的数字以三位数为一段,用逗号分隔。例如,输入"1234567.1234567",输出为"1,234,567.123,456,7"。

【思路】

(1) 使用 Scanner 类从键盘输入一个金额,存放到 double 类型的变量 d 中。

(2) 使用 String 类的 valueof()方法将变量 d 转换成字符串类型,并存放在变量 str 中。

(3) 使用 String 类的 substring()方法将 str 分隔,一部分是整数,一部分是小数。

(4) 定义静态方法,将字符串进行三位分隔。

(5) 将整数部分和小数部分分别使用静态方法进行三位分隔。

(6) 将分隔后的整数部分和小数部分进行连接。

【代码】

```java
package seven;
import java.util.Scanner;
public class MoneyTrisectionDemo {
    public static void main(String[] args) {
        Scanner sc=new Scanner(System.in);
        System.out.println("请输入金额:");
        double d=sc.nextDouble();
        String str=String.valueOf(d);
        String intergerpart=str.substring(0,str.indexOf("."));
        String fractionalpart=str.substring(str.indexOf(".")+1,str.length());
        String intergerparttemp=new StringBuilder(intergerpart).reverse().toString();
        intergerpart=cut(intergerparttemp);
        if(intergerpart.endsWith(",")) {
            intergerpart=intergerpart.substring(0,intergerpart.length()-1);
        }
        intergerpart=new StringBuilder(intergerpart).reverse().toString();
        fractionalpart=cut(fractionalpart);
        if(fractionalpart.endsWith(",")) {
        fractionalpart=fractionalpart.substring(0,fractionalpart.length()-1);
        }
```

```
        System.out.println(intergerpart+"."+fractionalpart);
    }
    public static String cut(String str){
        String strTemp ="";
        for (int i=0;i<str.length();i++) {
        if (i * 3+3>str.length()) {
            strTemp +=str.substring(i * 3,str.length());
            break;
        }
        strTemp +=str.substring(i * 3,i * 3+3)+",";
        }
        return strTemp;
    }
}
```

【运行结果】

如图 7-5 所示,输入金额"1234567.1234567",显示为"1,234,567.123,456,7"。

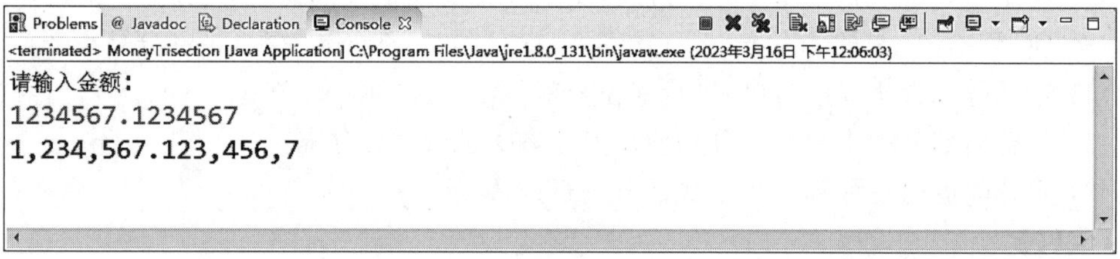

图 7-5   三位分法

7.2   日期和时间类

在实际开发中经常会遇到日期类型的操作,Java 对日期的操作提供了良好的支持,有 java.util 包中的 Date 类、Calendar 类,还有 java.text 包中的 DateFormat 类以及它的子类 SimpleDateFormat 类。

实验 7-6   计算年龄

【内容】

以"年、月、日"的形式输入某人的出生日期,计算这个人的年龄。

【思路】

(1) 使用 Scanner 类从键盘分别输入一个人的出生年份、月份和日期。

(2) 使用 Calendar 类获得当前的年份、月份和日期。

(3) 通过对年份、月份和日期的比较计算这个人的年龄。

【代码】

```
package seven;
```

```java
import java.util.Calendar;
import java.util.Date;
import java.util.Scanner;
public class CalculateAgeDemo {
    public static void main(String[] args) {
        Scanner sc=new Scanner(System.in);
        System.out.println("请输入年份:");
        int year=sc.nextInt();
        System.out.println("请输入月份:");
        int month=sc.nextInt();
        System.out.println("请输入日:");
        int day=sc.nextInt();
        System.out.println("您的出生日期:"+year+"-"+month+"-"+day);
        Calendar cal=Calendar.getInstance();
        int nowyear=cal.get(Calendar.YEAR);
        int nowmonth=cal.get(Calendar.MONTH);
        int nowday=cal.get(Calendar.DAY_OF_MONTH);
        int age=nowyear-year;
        if(nowmonth<month||(nowmonth==month&&nowday<day)) {
            age--;
        }
        System.out.println(age+"周岁");
    }
}
```

【运行结果】

如图 7-6 所示,输入一个人的出生年份、月份和日期,显示这个人的年龄。

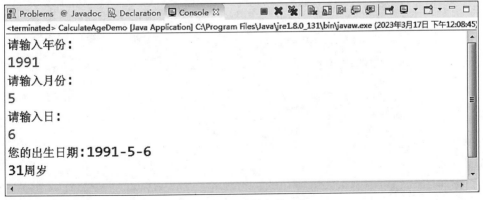

图 7-6　计算年龄

实验 7-7　生成日历

【内容】

输入年份和月份,生成并输出该年月的日历。例如,输入 2023 和 2,则生成 2023 年 2 月的日历表。

【思路】

(1) 使用抽象类 Calendar 获得当前的系统日期,使用 Calendar 类中的 set()方法设置指定的日期。

(2) 获得指定日期的月份的总天数以及指定日期月份第一天是星期几。

(3) 使用 for 循环显示指定日期的月份日历。

【代码】

```java
package seven;
import java.util.Calendar;
import java.util.Scanner;
public class CalendarDemo {
    public static void main(String[] args) {
        Scanner sc=new Scanner(System.in);
        System.out.println("请输入年份:");
        int year=sc.nextInt();
        System.out.println("请输入月份:");
        int month=sc.nextInt();
        show(year,month);
    }
    public static void show(int y,int m) {
        Calendar c=Calendar.getInstance();
        c.set(Calendar.YEAR,y);
        c.set(Calendar.MONTH, m-1);
        c.set(Calendar.DAY_OF_MONTH, 1);

        int dayofMonth=c.getActualMaximum(Calendar.DAY_OF_MONTH);
        int dayOfWeek=c.get(Calendar.DAY_OF_WEEK)-1;
        System.out.println("一\t二\t三\t四\t五\t六\t日");
        dayOfWeek=dayOfWeek==0? 7:dayOfWeek;
        int space=dayOfWeek-1;
        int count=0;
        for(int i=0;i<space;i++) {
            count++;
            System.out.print("\t");
        }
        for(int i=1;i<=dayofMonth;i++) {
            count++;
            String date=i+"\t";
            System.out.print(date);
            if(count%7==0) {
                count=0;
                System.out.println();
```

```
                }
            }
        }
    }
}
```

【运行结果】

如图 7-7 所示,输入 2023 和 2,显示 2023 年 2 月的日历表。

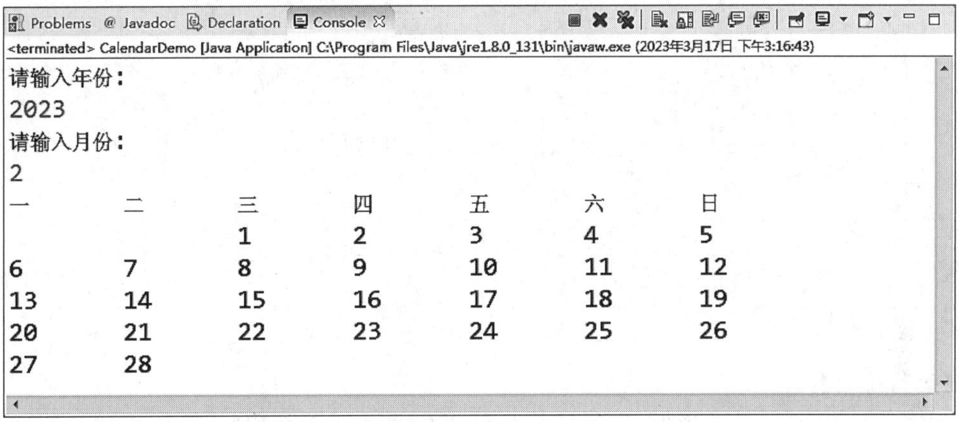

```
🔴 Problems  @ Javadoc  🔍 Declaration  🖥 Console 🖾         🔲 ✖ 🎇 🎇 | 🔩 🗊 🖼 🖨 🖭 | 🗗 🖳 ▾ 🗂 ▾ 🔲 ▾
<terminated> CalendarDemo [Java Application] C:\Program Files\Java\jre1.8.0_131\bin\javaw.exe (2023年3月17日 下午3:16:43)
请输入年份:
2023
请输入月份:
2
一          二          三          四          五          六          日
                      1          2          3          4          5
6          7          8          9          10         11         12
13         14         15         16         17         18         19
20         21         22         23         24         25         26
27         28
```

图 7-7　生成日历

7.3　Math 类和 Random 类

Math 类提供了大量的静态方法以便用户实现数学计算,如求绝对值、最大值或最小值等。Random 类位于 java.util 包中,它可以在指定的范围内随机产生数字。下面通过例题对两个类进行讲解。

实验 7-8　答题游戏

【内容】

实现两个随机的 100 以内的整数的减法运算,共 5 道题目,从键盘输入计算结果,显示最终计算正确的题目数量。

【思路】

(1) 使用 Scanner 类从键盘录入数据。

(2) 使用 Math.random()方法随机生成两个小数,用生成的小数乘以 100 后取整。

(3) 使用 for 循环计算每次取整后的两个数的差,通过把 Scanner 类输入的数据和计算的差进行比较,若相等,则使用变量 count 计数。

【代码】

```
package seven;
import java.util.Scanner;
public class GameDemo {
```

```java
public static void main(String[] args) {
    int count=0;
    Scanner sc=new Scanner(System.in);
    for(int i=1;i<6;i++) {
        int num1=(int)(Math.random() * 100);
        int num2=(int)(Math.random() * 100);
        System.out.println(num1+"-"+num2+"=?");
        int a=sc.nextInt();
        if(a==(num1-num2)) {
            System.out.println("答对了,继续");
            count++;
        }else {
            System.out.println("答错了,加油");
        }
    }
    System.out.println("一共答对了"+count+"道题");
}
}
```

【运行结果】

如图 7-8 所示,一共 5 道题,每道题都是随机生成的两个数相减,作答后统计答对的题目数量。

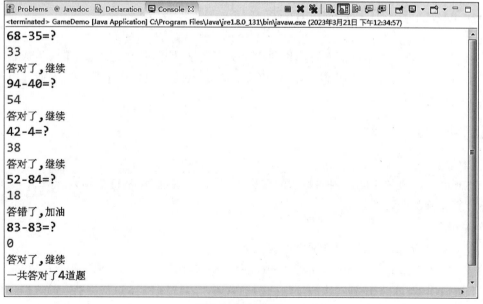

图 7-8 答题游戏

实验 7-9 随机生成验证码

【内容】

随机生成 4 位的验证码,包含大写字母和小写字母。

【思路】

（1）java.util.Random 类中的 nextInt(int n)方法，会随机生成 0～n 任意一整数类型的随机数，包括 0 但不包括 n。

（2）大写字母对应的数字范围是 65～90，小写字母对应的数字范围是 97～122，使用 Random 类的 nextInt(int n)方法随机生成 0～25 的整数，分别加上 65 或 97，表示随机生成大写字母或小写字母。

（3）使用 4 次的 for 循环随机生成大写或小写字母，每次生成字母是大写或小写是随机的，同样使用 Random 类的 nextInt(int n)方法随机生成 0 或 1，0 表示生成大写字母，1 表示生成小写字母。

（4）最后输出生成的 4 位随机验证码。

【代码】

```java
package seven;
import java.util.Random;
public class VerificationCodeDemo {
    public static void main(String[] args) {
        Random r=new Random();
        String code="";
        for(int i=0;i<4;i++) {
            int type=r.nextInt(2);
            if(type==0) {
                char c=(char)(r.nextInt(26)+65);
                code+=c;
            }else if(type==1) {
                char c=(char)(r.nextInt(26)+97);
                code+=c;
            }
        }
        System.out.println(code);
    }
}
```

【运行结果】

如图 7-9 所示，随机生成了 4 位验证码，其中包含 2 个大写字母和 2 个小写字母。

图 7-9　验证码

7.4　System 类和 Runtime 类

Java 程序在不同操作系统上运行时,可能需要取得平台相关的属性,或者调用平台命令来完成特定功能。Java 提供了 System 类和 Runtime 类与程序的运行平台进行交互。

实验 7-10　系统全部属性

【内容】

使用 System 类的 getProperties()方法获取当前系统的全部属性。

【思路】

(1) System 类的 getProperties()方法会返回一个 Properties 对象,其中封装了系统的所有属性,这些属性是以键值对形式存在的。

(2) 通过 Properties 的 propertyNames()方法获取所有的系统属性的 key,并使用名称为 propertyNames 的 Enumeration 对象接收获取到的 key 值。

(3) 对 Enumeration 对象进行迭代循环,通过 Enumeration 的 nextElement()方法获取系统属性的 key,再通过 System 的 getProperty(key)方法获取当前 key 对应的 value。

(4) 最后将所有系统属性的键以及对应的值打印出来。

【代码】

```java
package seven;
import java.util.Enumeration;
import java.util.Properties;
public class SystemDemo {
    public static void main(String[] args) {
        Properties properties=System.getProperties();
        Enumeration propertyNames=properties.propertyNames();
        while(propertyNames.hasMoreElements()) {
            String key=(String)propertyNames.nextElement();
            String value=System.getProperty(key);
            System.out.println(key+"--->"+value);
        }
    }
}
```

【运行结果】

如图 7-10 所示,显示当前系统的全部属性。

实验 7-11　虚拟机信息

【内容】

使用 Runtime 类获取当前 java 虚拟机处理器的个数、空闲内存、最大可用内存和内存总量的信息。

```
Problems  Javadoc  Declaration  Console ▣
<terminated> SystemDemo [Java Application] C:\Program Files\Java\jre1.8.0_131\bin\javaw.exe (2023年3月21日 下午1:14:46)
java.runtime.name--->Java(TM) SE Runtime Environment
sun.boot.library.path--->C:\Program Files\Java\jre1.8.0_131\bin
java.vm.version--->25.131-b11
java.vm.vendor--->Oracle Corporation
java.vendor.url--->http://java.oracle.com/
path.separator--->;
java.vm.name--->Java HotSpot(TM) 64-Bit Server VM
file.encoding.pkg--->sun.io
user.script--->
user.country--->CN
sun.java.launcher--->SUN_STANDARD
sun.os.patch.level--->Service Pack 1
java.vm.specification.name--->Java Virtual Machine Specification
user.dir--->C:\Users\lvkai\eclipse-workspace\Test
java.runtime.version--->1.8.0_131-b11
java.awt.graphicsenv--->sun.awt.Win32GraphicsEnvironment
java.endorsed.dirs--->C:\Program Files\Java\jre1.8.0_131\lib\endorsed
os.arch--->amd64
java.io.tmpdir--->C:\Users\lvkai\AppData\Local\Temp\
line.separator--->
```

图 7-10　系统属性

【思路】

（1）使用 Runtime 的 getRuntime()方法获得了一个 Runtime 对象。

（2）Runtime 对象的 availableProcessors()方法可以获取 Java 虚拟机的处理器个数，freeMemory()方法获取 Java 虚拟机的空闲内存数，totalMemory()方法获取了 Java 虚拟机中内存的总量，maxMemory()方法获取了 Java 虚拟机的最大可用内存数量。

【代码】

```java
package seven;
public class VirtualMachineDemo {
    public static void main(String[] args) {
        Runtime runtime =Runtime.getRuntime();
        System.out.println("处理器数量:" +runtime.availableProcessors()+"个");
        System.out.println("空闲内存数:" +runtime.freeMemory()/1024/1024+"MB");
        System.out.println("虚拟机总内存数:" +runtime.totalMemory()/1024/1024+"MB");
        System.out.println("可用最大内存数:" +runtime.maxMemory()/1024/1024+"MB");
    }
}
```

【运行结果】

如图 7-11 所示，显示当前虚拟机的信息。

```
Problems  Javadoc  Declaration  Console ▣
<terminated> VirtualMachineDemo [Java Application] C:\Program Files\Java\jre1.8.0_131\bin\javaw.exe (2023年3月21日 下午1:32:03)
处理器数量: 8个
空闲内存数: 121MB
虚拟机总内存数: 123MB
可用最大内存数: 1804MB
```

图 7-11　虚拟机信息

自测题

1. 从键盘输入任意一行字符串,提取并输出其中的数字。例如,输入的内容为 "abadAD12ad45＊",则输出结果为"1245"。

2. 在使用一个软件时,通常都需要填写用户名和密码,输入正确才算登录成功。编写一个程序,模拟用户登录,要求如下。

(1) 用户名和密码都正确,提示登录成功。

(2) 用户名和密码不正确,提示登录失败。

(3) 总共有 3 次登录机会,在 3 次内输入正确的用户名和密码后给出登录成功的提示,否则,提示失败,无法登录。

3. 获得当前日期的年、月、日、时、分和秒。

4. 生成 10000 个 0~100 的随机整数,计算总和并输出程序的执行时间。

5. 随机生成 4 位的验证码,要求包含数字、大写字母和小写字母。

集 合

实验目的：

◆ 掌握 ArrayList、Linkedlist 等常用集合类的使用方法。

◆ 掌握 HashSet、TreeSet 等集合类的使用方法。

◆ 掌握 HashMap、TreeMap 等映射类的使用方法。

◆ 掌握 Iterator、ListIterator 类遍历集合对象的方法。

◆ 掌握 Collections 工具类的使用方法。

◆ 掌握集合和数组之间的转换。

8.1 List 接口

List 接口继承了 Collection 接口，是单列集合的一个分支，实现了 List 接口的对象称为 List 集合。在 List 集合中允许出现重复的元素，所有的元素是以一种线性方式进行存储的，在程序中可以通过索引来访问集合中的指定元素。另外，List 集合还有一个特点就是元素有序，即元素的存入顺序和取出顺序一致。

实验 8-1 水果名称存储

【内容】

从键盘输入多个水果的名称，以 end 结束，存放到 ArrayList 集合中。然后使用 Iterator 顺序遍历 ArrayList 集合中的所有水果名称。

【思路】

（1）输入的水果名称应使用 ArrayList 集合存放。

（2）使用 Scanner 对象读入键盘输入的名称，以 end 结束。每次输入的名称使用 ArrayList 类的 add()方法添加到集合中。

（3）调用集合对象的 iterator()方法获取列表的迭代器，通过迭代器可以顺序遍历集合中的所有数据。

【代码】

```
package eight;
```

```java
import java.util.ArrayList;
import java.util.Iterator;
import java.util.Scanner;
public class ArrayListDemo {
    public static void main(String[] args) {
        ArrayList listname=new ArrayList();
        Scanner sc=new Scanner(System.in);
        System.out.println("请输入水果名称:");
        String str=sc.next();
        while(!str.equals("end")) {
            listname.add(str);
            str=sc.next();
        }
        Iterator it=listname.iterator();
        while(it.hasNext()) {
            System.out.print(it.next()+" ");
        }
    }
}
```

【运行结果】

如图 8-1 所示,从键盘输入 3 种水果,然后输入结束标记 end,表示输入结束。所有水果存放到 ArrayList 集合中,通过迭代器 iterator 遍历 ArrayList 集合中的所有数据并输出。

图 8-1　ArrayList 的使用

实验 8-2　约瑟夫环游戏

【内容】

约瑟夫环是一个著名的数学问题,n 个人(编号从 1 到 n)坐成一个圈,从 1 开始报数,报到 m 的人退出圈外,下一个人继续从 1 开始报数。依次循环下去,直到只剩下一个人为止。使用 ArrayList 集合根据输入的 n 和 m 计算剩下的编号。

【思路】

(1) 使用 Scanner 类输入总人数 n 和要删除的报数 m。

(2) 定义类 YSF,包含 sfh()方法完成约瑟夫环问题。

(3) 将 n 个数添加到 ArrayList 集合的对象中,并输出集合中的所有元素。

（4）定义一个变量记载报数号是 m 的元素的索引，根据索引删除报数为 m 的元素。

（5）输出删除的这个元素，并输出集合中的剩余元素。

【代码】

```
package eight;
import java.util.ArrayList;
import java.util.Scanner;
public class YSFDemo {
    public static void main(String[] args) {
        Scanner sc=new Scanner(System.in);
        System.out.println("请输入总人数 n 和要删除的报数 m:");
        int n=sc.nextInt();
        int m=sc.nextInt();
        YSF ysf=new YSF();
        ysf.sfh(n, m, 1);
    }
}
class YSF{
    public void sfh(int total,int drop,int surplus) {
        int rm=0;
        ArrayList list=new ArrayList();
        for(int i=1;i<=total;i++) {
            list.add(i);
        }
        System.out.println(list);
        while(list.size()>surplus) {
            rm+=drop-1;
            if(rm>=list.size()) {
              rm%=list.size();
            }
            Object remove=list.remove(rm);
            System.out.println("删除了:"+remove);
            System.out.print("剩余:");
            System.out.println(list);
        }
    }
}
```

【运行结果】

如图 8-2 所示，输入总人数 12 和要删除的报数 3，运行程序可以看到每次删除的元素和每次集合中剩余的元素，直到只剩下一个元素。

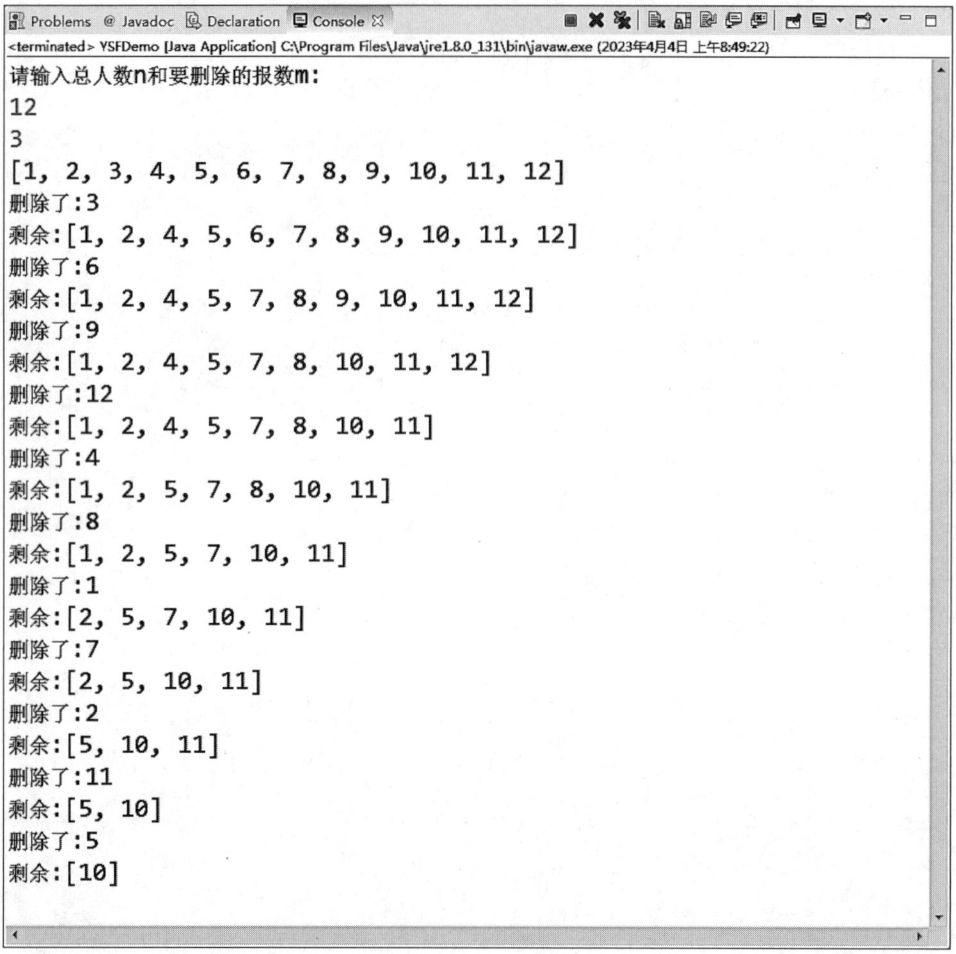

```
Problems  @ Javadoc  Declaration  Console ✕          ■ ✕ ✕ | ▤ ▦ ▦ ▦ | ▤ ▤ ▾ | ▭ ▾ | ▭ ▾
<terminated> YSFDemo [Java Application] C:\Program Files\Java\jre1.8.0_131\bin\javaw.exe (2023年4月4日 上午8:49:22)
请输入总人数n和要删除的报数m：
12
3
[1, 2, 3, 4, 5, 6, 7, 8, 9, 10, 11, 12]
删除了：3
剩余：[1, 2, 4, 5, 6, 7, 8, 9, 10, 11, 12]
删除了：6
剩余：[1, 2, 4, 5, 7, 8, 9, 10, 11, 12]
删除了：9
剩余：[1, 2, 4, 5, 7, 8, 10, 11, 12]
删除了：12
剩余：[1, 2, 4, 5, 7, 8, 10, 11]
删除了：4
剩余：[1, 2, 5, 7, 8, 10, 11]
删除了：8
剩余：[1, 2, 5, 7, 10, 11]
删除了：1
剩余：[2, 5, 7, 10, 11]
删除了：7
剩余：[2, 5, 10, 11]
删除了：2
剩余：[5, 10, 11]
删除了：11
剩余：[5, 10]
删除了：5
剩余：[10]
```

图 8-2　约瑟夫环问题

8.2　Set 接口

Set 集合中元素是无序的、不可重复的。Set 接口继承自 Collection 接口，但它没有对 Collection 接口的方法进行扩充。

Set 集合中元素有无序性的特点，这里要注意，无序性不等于随机性，无序性指的是元素在底层存储位置是无序的。Set 接口的主要实现类是 HashSet 和 TreeSet。其中 HashSet 是根据对象的哈希值来确定元素在集合中的存储位置，因此能高效地存取。TreeSet 底层是用二叉树来实现元素存储的，它可以对集合中元素排序。

实验 8-3　蔬菜价格存储

【内容】

记录当日蔬菜店的蔬菜价格，包括蔬菜的名称和单价。如果两个蔬菜名称相同，表示同一种蔬菜，重复记载了。从键盘输入多行蔬菜信息，格式如下。

黄瓜	8(名称和价格之间用制表符分隔)

当输入空行时表示输入结束,显示所有蔬菜的单价。

【思路】

(1) 定义蔬菜类 Vegetable,包括两个属性:菜名(name)和单价(price)。定义构造方法,为属性 name 和 price 赋初值。

(2) 重写蔬菜类 Vegetable 的 toString()方法,显示蔬菜的单价信息。

(3) 两种蔬菜的名称相同认为是同一种蔬菜,重写蔬菜类 Vegetable 的 equals()方法。

(4) 重写蔬菜类 Vegetable 的 equals()方法后,还需要重写 hashCode()方法,以保证相等对象的哈希码也是相等的。

(5) 使用 Scanner 类读入一行信息,对一行信息使用 split()方法按照制表符进行分割,分割后包含两个信息(菜名和单价),如果不是两项,表示无效数据。把分割后的数据封装到一个蔬菜类 Vegetable 的对象中,然后存入 HashSet 集合中,直到出现空行表示录入结束。

(6) 在使用 HashSet 集合添加 Vegetable 对象时,如果出现蔬菜名称相同的数据时,会给出提示,说明此蔬菜已经存在。

(7) 最后,集合中每个元素都是不同的蔬菜,使用 Iterator 遍历输出所有元素。

【代码】

```java
package eight;
import java.util.HashSet;
import java.util.Iterator;
import java.util.Scanner;
public class VegetableHashSetDemo {
    public static void main(String[] args) {
        HashSet set=new HashSet();
        Scanner sc=new Scanner(System.in);
        System.out.println("输入蔬菜名称和单价");
        String str=sc.nextLine();
        while(str!=null&&str.length()!=0){
            Vegetable v=getVegetable(str);
            if(!set.add(v)){
                System.out.println(v+"已经有价格了");
            }
            str=sc.nextLine();
        }
        System.out.println("所有蔬菜的价格:");
        Iterator i=set.iterator();
        while(i.hasNext()){
            System.out.println(i.next());
        }
    }
    public static Vegetable getVegetable(String str){
        String s[]=str.split("\t");
```

```
            if(s.length!=2){
                return null;
            }
            Vegetable v=new Vegetable(s[0],Double.parseDouble(s[1]));
            return v;
        }
    }
class Vegetable{
    private String name;
    private double price;
    public Vegetable(String name,double price){
        this.name=name;
        this.price=price;
    }
    @Override
    public String toString() {
        return "Vegetable [name=" +name +", price=" +price +"]";
    }
    @Override
    public int hashCode() {
        final int prime =31;
        int result =1;
        result =prime * result +((name ==null) ? 0 : name.hashCode());
        return result;
    }
    @Override
    public boolean equals(Object obj) {
        if (this ==obj)
            return true;
        if (obj ==null)
            return false;
        if (getClass() !=obj.getClass())
            return false;
        Vegetable other = (Vegetable) obj;
        if (name ==null) {
            if (other.name !=null)
                return false;
        } else if (!name.equals(other.name))
            return false;
        return true;
    }
}
```

【运行结果】

如图 8-3 所示，输入 4 种蔬菜的名称和单价，其中第 4 种黄瓜已经存在了，不能记载了。然后显示所有蔬菜的名称和单价。

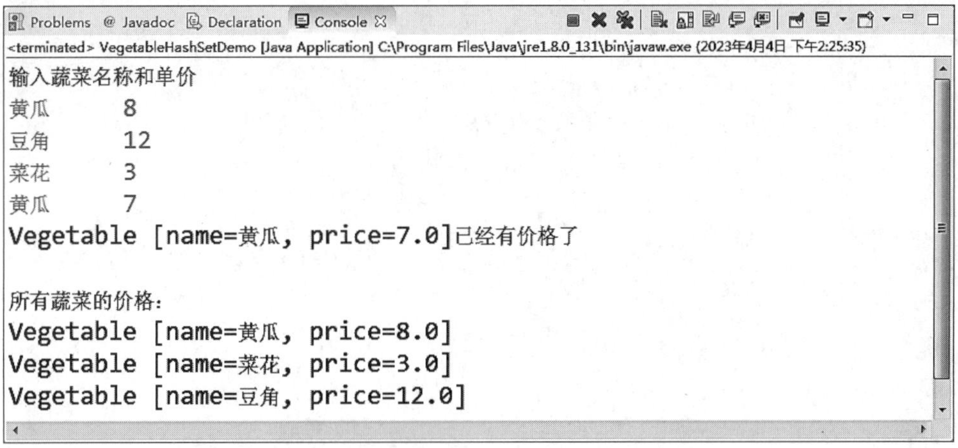

图 8-3　HashSet 存储蔬菜

实验 8-4　模拟用户注册

【内容】

编写程序模拟用户注册,用户输入用户名、密码和电话号码,通过验证电话号码是否重复判断用户是否存在,如重复则给出相应提示,如果不重复则注册成功。使用 HashSet 集合实现。

【思路】

(1) 定义用户类 User,包括 3 个属性：姓名(name)、密码(password)和电话号码(telephone)。定义构造方法,为 3 个属性赋值。

(2) 重写用户类 User 的 toString()方法,显示用户的信息。

(3) 通过比较电话号码是否相同判断用户是否注册过,重写用户类 User 的 equals()方法和 hashCode()方法。

(4) 定义 HashSet 对象,添加几个 User 类对象。

(5) 通过 Scanner 类输入用户名、密码和电话号码,封装到 User 类对象中,然后添加到 HashSet 集合中,通过重写的 equals()方法和 hashCode()方法判断用户是否存在,如果存在,则给出提示"用户已经存在",若不存在,则"注册成功"。

【代码】

```java
package eight;
import java.util.HashSet;
import java.util.Scanner;
public class UserRegistDemo {
    public static void main(String[] args) {
        HashSet hs=new HashSet();
        hs.add(new User("詹姆斯","123456","15912341234"));
        hs.add(new User("霍华德","654321","15943214321"));
        Scanner sc=new Scanner(System.in);
        System.out.println("请输入用户名:");
```

```java
        String name=sc.next();
        System.out.println("请输入密码:");
        String password=sc.next();
        System.out.println("请输入电话号码:");
        String telephone=sc.next();
        User u=new User(name,password,telephone);
        if(hs.add(u)) {
            System.out.println("注册成功");
        }else {
            System.out.println("用户已经存在");
        }
    }
}
class User{
    private String name;
    private String telephone;
    private String password;
    public User(String name,String password,String telephone) {
        this.name=name;
        this.telephone=telephone;
        this.password=password;
    }
    @Override
    public String toString() {
        return "User [name=" +name +", telephone=" +telephone +"]";
    }
    @Override
    public int hashCode() {
        final int prime =31;
        int result =1;
        result =prime * result + ((telephone ==null) ? 0 : telephone.hashCode());
        return result;
    }
    @Override
    public boolean equals(Object obj) {
        if (this ==obj)
            return true;
        if (obj ==null)
            return false;
        if (getClass() !=obj.getClass())
            return false;
        User other =(User) obj;
        if (telephone ==null) {
            if (other.telephone !=null)
```

```
                return false;
        } else if (!telephone.equals(other.telephone))
            return false;
        return true;
    }
}
```

【运行结果】

如图 8-4 所示,输入用户名、密码和电话号码后,添加此用户到 HashSet 集合中,给出"用户已经存在"的提示。

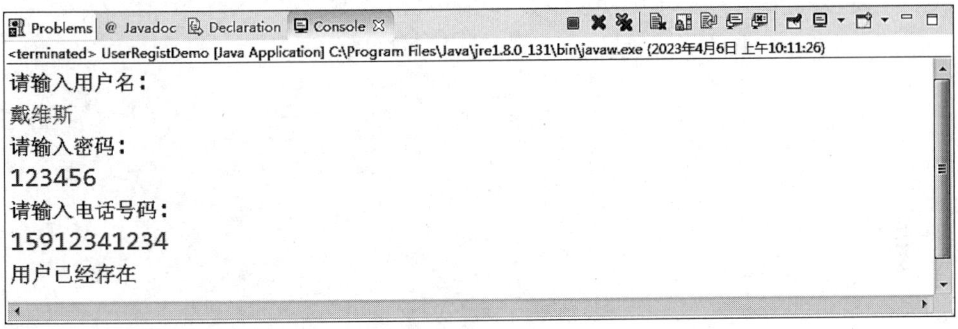

图 8-4　模拟用户注册

实验 8-5　统计球衣销量排名

【内容】

输入球员的名称和球衣的销量,如果球员名称重复了,不能再记载。输入的格式如下。

梅西　　　120000(名称和销量之间用制表符分隔)

当输入空行时,表示统计结束。要求根据球衣销量从高到低的顺序显示球员的名称和球衣的销量,使用 TreeSet 集合完成统计。

【思路】

(1) 定义球衣销量类 ShirtSales,包括两个属性:球员名称(name)和球衣销量(sales)。定义构造方法,为属性 name 和 sales 赋初值。

(2) 重写球衣销量类 ShirtSales 的 toString()方法,显示球员的球衣销量信息。

(3) TreeSet 集合判断两个元素是否重复是通过 compareTo()方法,要从高到低显示球衣的销量,也要通过 compareTo()方法进行比较,因此球衣销量类 ShirtSales 要实现 Comparable 接口,重写 compareTo()方法,通过比较属性 sales 的大小进行排序。

(4) 使用 Scanner 类读入一行信息,对一行信息使用 split()方法按照制表符进行分割,分割后包含两个信息(球员名称和球衣销量),如果不是两项,表示无效数据。把分割后的数据封装到一个球衣销量类 ShirtSales 的对象中,然后存入 TreeSet 对象中,直到出现空行表示录入结束。

(5) 在使用 TreeSet 集合添加 ShirtSales 对象时,如果出现球员名称相同的数据时,会给出提示,说明此球员已经存在。

(6) 最后,集合中每个元素都是不同的,使用 Iterator 遍历输出所有元素。

【代码】

```java
package eight;
import java.util.Iterator;
import java.util.Scanner;
import java.util.TreeSet;
public class ShirtSalesDemo {
    public static void main(String[] args) {
        TreeSet ts=new TreeSet();
        Scanner sc=new Scanner(System.in);
        System.out.println("请输入球员的名称和球衣销量:");
        String str=sc.nextLine();
        while(str!=null&&str.length()!=0){
            ShirtSales ss=getShirtSales(str);
            if(!ts.add(ss)){
                System.out.println(ss+"已经有销量了");
            }
            str=sc.nextLine();
        }
        System.out.println("球员球衣销量排名:");
        Iterator i=ts.iterator();
        while(i.hasNext()){
            System.out.println(i.next());
        }
    }
    public static ShirtSales getShirtSales(String str){
        String s[]=str.split("\t");
        if(s.length!=2){
            return null;
        }
        ShirtSales ss=new ShirtSales(s[0],Integer.parseInt(s[1]));
        return ss;
    }
}
class ShirtSales implements Comparable{
    private String name;
    private int sales;
    public ShirtSales(String name,int sales) {
        this.name=name;
        this.sales=sales;
    }
    @Override
    public String toString() {
        return "ShirtSales [name=" +name +", sales=" +sales +"]";
    }
```

```
        @Override
        public int compareTo(Object o) {
            ShirtSales ss=(ShirtSales)o;
            if(this.name.equals(ss.name)) {
                return 0;
            }else if(this.sales!=ss.sales){
                return ss.sales-this.sales;
            }else {
                return this.name.compareTo(ss.name);
            }
        }
    }
```

【运行结果】

如图 8-5 所示,输入 5 个球员的球衣销量,其中内马尔出现重复的数据,系统给出错误提示。最后按照球衣的销量从高到低显示所有数据。

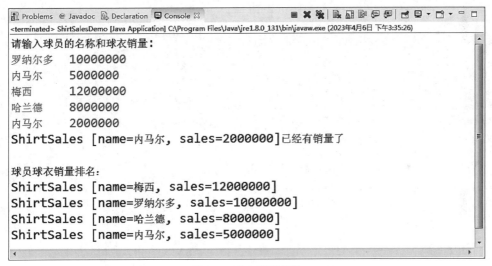

图 8-5　球衣销量统计

实验 8-6　候选人姓名排序

【内容】

输入一组候选人的名字,按照拼音顺序对名字进行排序,要求使用比较器实现此功能。

【思路】

(1) 定义一个对姓名进行比较的类 NameComparator,该类实现了接口 Comparator,重写了 compare()方法,通过此方法对两个 String 类型的数据进行比较。

(2) 创建 TreeSet 集合的对象,存入集合中的元素通过比较器类 NameComparator 进行排序。

(3) 通过 Scanner 类输入多个候选人的姓名,并存入 TreeSet 集合的对象中。

(4) 最后使用 Iterator 遍历输出所有姓名。

【代码】

```java
package eight;
import java.util.Comparator;
import java.util.Iterator;
import java.util.Scanner;
import java.util.TreeSet;
public class CandidateRankDemo {
    public static void main(String[] args) {
        TreeSet ts=new TreeSet(new NameComparator());
        Scanner sc=new Scanner(System.in);
        System.out.println("输入候选人的名称:");
        String str=sc.nextLine();
        while(str!=null&&str.length()!=0){
            ts.add(str);
            str=sc.nextLine();
        }
        System.out.println("候选人自然排序:");
        Iterator i=ts.iterator();
        while(i.hasNext()){
            System.out.println(i.next());
        }
    }
}
class NameComparator implements Comparator{
    @Override
    public int compare(Object o1, Object o2) {
        // TODO Auto-generated method stub
        String c1=(String)o1;
        String c2=(String)o2;
        return c1.compareTo(c2);
    }
}
```

【运行结果】

如图 8-6 所示,输入 3 个候选人的姓名,对候选人的姓名按照拼音顺序进行了排序。

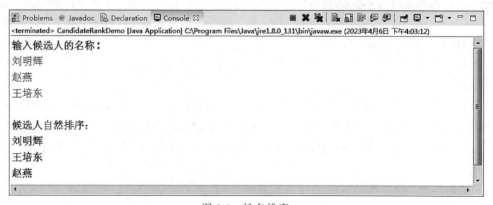

图 8-6　姓名排序

8.3　Map 接口

Map 接口是一种双列集合,它的每个元素都包含一个键对象 Key 和值对象 Value,键和值对象之间存在一种对应关系,称为映射。从 Map 集合中访问元素时,只要指定了 Key,就能找到对应的 Value。

实验 8-7　单词数量统计

【内容】

从键盘输入一段英文句子,统计每个单词出现的次数。

【思路】

(1) 统计单词出现的次数时,每个单词会对应一个数字,可以使用 HashMap 类来存放"单词-次数"键值对,单词为键,次数为值。

(2) 从键盘输入一段英文句子,录入的句子可能包含各种符号和空格,需要先进行处理。

(3) 将处理的句子进行分割,得到的各单词存入 HashMap 的对象中,通过判断单词是否在 HashMap 的对象中存在,更新这个单词对应的键值。

(4) 最后遍历并输出所有的键值对。

【代码】

```java
package eight;
import java.util.HashMap;
import java.util.Iterator;
import java.util.Map;
import java.util.Scanner;
import java.util.Set;
public class WordCountHashMapDemo {
    public static void main(String[] args) {
        HashMap hm=new HashMap();
        Scanner sc=new Scanner(System.in);
        System.out.println("请输入一段英文句子:");
        String str1=sc.nextLine();
        String str2=str1.replaceAll("\\p{Punct}", " ");
        String s[]=str2.split("\\p{Space}+");
        for(int i=0;i<s.length;i++) {
            if(hm.containsKey(s[i].toLowerCase())) {
                int count=(int)(hm.get(s[i].toLowerCase()))+1;
                hm.put(s[i].toLowerCase(), count);
            }else {
                hm.put(s[i].toLowerCase(), 1);
            }
```

```
        }
        Set entrySet=hm.entrySet();
        Iterator iterator=entrySet.iterator();
        while(iterator.hasNext()) {
            Map.Entry entry=(Map.Entry)iterator.next();
            Object key=entry.getKey();
            Object value=entry.getValue();
            System.out.println(key+":"+value);
        }
    }
}
```

【运行结果】

如图 8-7 所示，输入一段英文句子，统计每个单词出现的次数。

```
Problems  @ Javadoc  Declaration  Console ⌗              ■ ✖ ✖ | ▤▦▣▤ ▦▣ | ▤ ▾ ▤ ▾ ▾ ▾
<terminated> WordCountHashMapDemo [Java Application] C:\Program Files\Java\jre1.8.0_131\bin\javaw.exe (2023年4月7日 下午12:21:44)
请输入一段英文句子：
Love is like the moon,when it does not increase,it decreases.
love:1
the:1
moon:1
not:1
like:1
decreases:1
does:1
is:1
it:2
increase:1
when:1
```

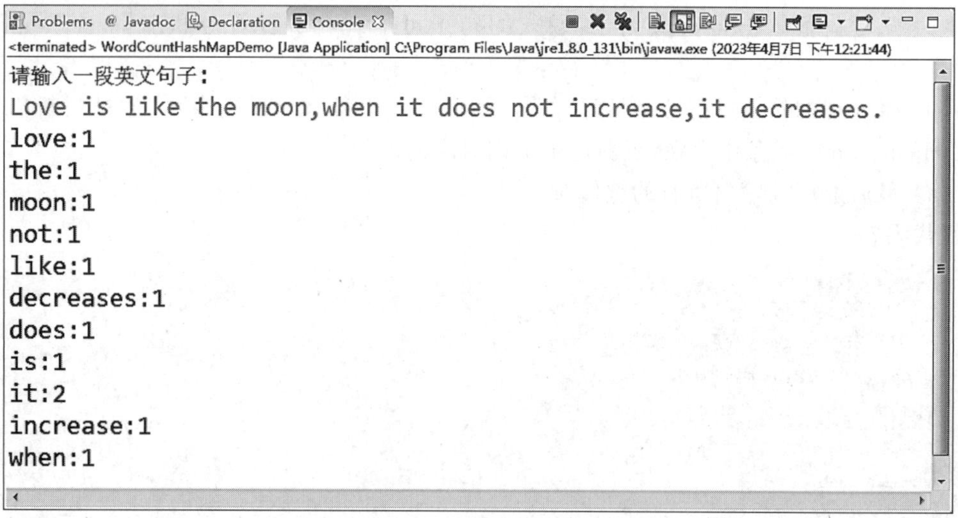

图 8-7　单词数量统计

实验 8-8　倒序显示单词出现次数

【内容】

从键盘输入一段英文句子，按照单词的倒序统计每个单词出现的次数。

【思路】

（1）统计单词出现的次数时，每个单词会对应一个数字，可以使用 TreeMap 类来存放"单词-次数"键值对，单词为键，次数为值。

（2）自定义比较器类 MyComparator，实现 Comparator 接口，重写 compare()方法，对键按照降序定制排序。

（3）从键盘输入一段英文句子，录入的句子可能包含各种符号和空格，需要先进行处理。

（4）将处理的句子进行分割，得到的各单词存入 TreeMap 的对象中，通过判断单词是否在 TreeMap 的集合中存在，更新这个单词对应的键值。

（5）最后遍历并输出所有的键值对。

【代码】

```
package eight;
import java.util.Comparator;
import java.util.Iterator;
import java.util.Map;
import java.util.Scanner;
import java.util.Set;
import java.util.TreeMap;
public class WordCountTreeMapDemo {
    public static void main(String[] args) {
        TreeMap tm=new TreeMap(new MyComparator());
        Scanner sc=new Scanner(System.in);
        System.out.println("请输入一段英文句子:");
        String str1=sc.nextLine();
        String str2=str1.replaceAll("\\p{Punct}", " ");
        String s[]=str2.split("\\p{Space}+");
        for(int i=0;i<s.length;i++) {
            if(tm.containsKey(s[i].toLowerCase())) {
                int count=(int)(tm.get(s[i].toLowerCase()))+1;
                tm.put(s[i].toLowerCase(), count);
            }else {
                tm.put(s[i].toLowerCase(), 1);
            }
        }
        Set entrySet=tm.entrySet();
        Iterator iterator=entrySet.iterator();
        while(iterator.hasNext()) {
            Map.Entry entry=(Map.Entry)iterator.next();
            Object key=entry.getKey();
            Object value=entry.getValue();
            System.out.println(key+":"+value);
        }
    }
}
class MyComparator implements Comparator{
    @Override
    public int compare(Object arg0, Object arg1) {
        String s1=(String)arg0;
        String s2=(String)arg1;
        return s2.compareTo(s1);
    }
}
```

【运行结果】

如图 8-8 所示,输入一段英文句子,按照单词的倒序统计每个单词出现的次数。

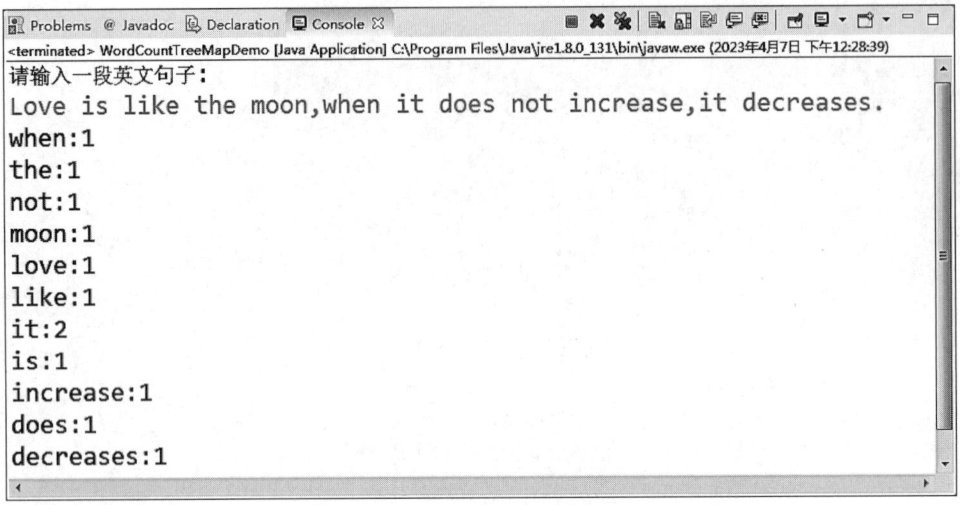

```
🗗 Problems  @ Javadoc  🗟 Declaration  🖳 Console ⋈          ■ ✖ ⅍ | 🖳 🔡 🖭 🔛 | 🛃 🖳 ▾ 📑 ▾ ▾ ▭ 🗖
<terminated> WordCountTreeMapDemo [Java Application] C:\Program Files\Java\jre1.8.0_131\bin\javaw.exe (2023年4月7日 下午12:28:39)
请输入一段英文句子:
Love is like the moon,when it does not increase,it decreases.
when:1
the:1
not:1
moon:1
love:1
like:1
it:2
is:1
increase:1
does:1
decreases:1
```

图 8-8　倒序统计单词数量

8.4　常用工具类

针对集合的常见操作,Java 提供了一个工具类专门用来操作集合,这个类就是 Collections,它位于 java.util 包中。Collections 类中提供大量的静态方法用于对集合中的元素进行操作。

实验 8-9　斗地主发牌

【内容】

要求编写"斗地主"的洗牌发牌程序,按照"斗地主"的规则完成洗牌发牌的过程。一副扑克共有 54 张牌,牌面由花色(♠,♦,♣,♥)、数字(2~10)及字母 J,Q,K,A 构成,其中还包括两个特殊的牌,大王和小王。"斗地主"游戏共有 3 位玩家参与,首先将 54 张牌的顺序打乱,每人轮流摸一张牌,剩余 3 张留作底牌,然后在控制台打印 3 位玩家的牌和 3 张底牌。

【思路】

(1) 使用 ArrayList 存储 54 张牌,首先把"大王"和"小王"加入 ArrayList 集合中。

(2) 定义两个数组,一个装花色(♠,♦,♣,♥),一个装数字 2~10 和字母 J,Q,K,A 13 张牌。通过循环将花色和 2~10、J,Q,K,A 组合成其他的 52 张牌,通过 add()方法将 52 张牌添加到 ArrayList 集合中。

(3) 使用 Collections 类中的 shuffle()方法将集合中的元素顺序打乱。

(4) 定义 4 个集合,分别用来存放 3 个玩家的牌和最后的 3 张底牌,使用判断语句把 3 个玩家的牌存入集合中,以及把最后的 3 张底牌也存入集合中。

(5) 最后输出 3 个玩家的牌以及底牌。

【代码】

```
package eight;
import java.util.ArrayList;
import java.util.Collections;
public class PuKeDemo {
    public static void main(String[] args) {
        ArrayList puke=new ArrayList();
        String colors[]={"♠",","♦",","♣","♥"};
        String numbers[]={"2","3","4","5","6","7","8","9","10","J","Q","K","A"};
        puke.add("大王");
        puke.add("小王");
        for(int i=0;i<colors.length;i++) {
            for(int j=0;j<numbers.length;j++) {
                puke.add(colors[i]+numbers[j]);
            }
        }
        Collections.shuffle(puke);
        ArrayList play1=new ArrayList();
        ArrayList play2=new ArrayList();
        ArrayList play3=new ArrayList();
        ArrayList dipai=new ArrayList();
        for(int i=0;i<puke.size();i++) {
            String p=(String)puke.get(i);
            if(i>=51) {
                dipai.add(p);
            }else if(i%3==0) {
                play1.add(p);
            }else if(i%3==1) {
                play2.add(p);
            }else if(i%3==2) {
                play3.add(p);
            }
        }
        System.out.println("玩家 1:"+play1);
        System.out.println("玩家 2:"+play2);
        System.out.println("玩家 3:"+play3);
        System.out.println("底牌: "+dipai);
    }
}
```

【运行结果】

如图 8-9 所示,随机给 3 个玩家进行了发牌以及生成了最后的底牌。

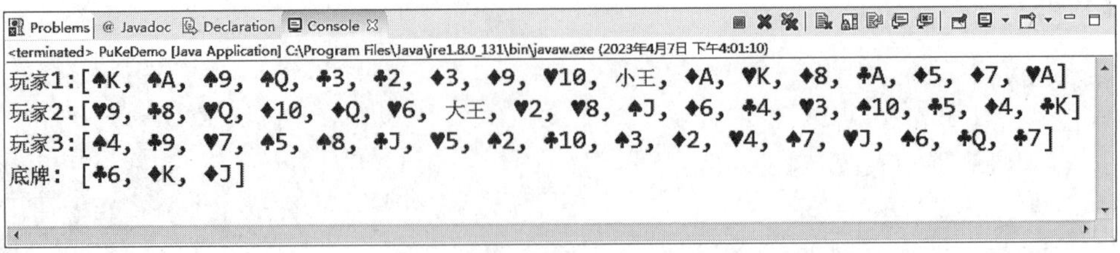

图 8-9　斗地主发牌

实验 8-10　十进制数转换成二进制数

【内容】

将十进制数转换成二进制可以采用除二取余法,编写程序将用户从键盘输入的十进制数转为二进制并输出,要求使用栈实现。

【思路】

(1) 创建一个栈的对象。

(2) 使用 Scanner 类从键盘输入一个正整数,存放在变量 i 中。

(3) 判断 i 是否等于 0,若不等于 0,把除以 2 获得的商存放在变量 a 中,除以 2 获得的余数存放在变量 b 中,使用栈的 push()方法把变量 b 存入栈中,重新对 i 进行赋值等于 a,直到最终 a 的值等于 0。

(4) 依次把栈中的每个元素输出。

【代码】

```java
package eight;
import java.util.Iterator;
import java.util.Scanner;
import java.util.Stack;
public class TransferDemo {
    public static void main(String[] args) {
        Stack s=new Stack();
        Scanner sc=new Scanner(System.in);
        System.out.println("请输入一个正整数:");
        int i=sc.nextInt();
        int a,b;
        while(i!=0) {
            a=i/2;
            b=i%2;
            s.push(b);
            i=a;
        }
        while(!s.isEmpty()) {
            System.out.print(s.pop());
        }
    }
}
```

【运行结果】

如图 8-10 所示,输入 125,转换成二进制数输出。

图 8-10 十进制数转换成二进制

自测题

1. 从键盘输入多个蔬菜的名称,以 end 结束,存放到 ArrayList 对象中。然后使用 ListIterator 反向遍历 ArrayList 对象中的所有蔬菜名称。

2. 从键盘输入多个学生的名称,统计一共输入了多少个学生,重名的学生不做记载。要求使用 HashSet 集合实现。

3. 从键盘输入多行运动员的成绩,以空行结束输入。每行由姓名、100 米成绩和 200 米成绩构成,各项之间以制表符分隔。先按照 100 米成绩对运动员进行降序排序,若出现相同成绩再按照 200 米成绩对运动员进行降序排序。要求使用 TreeSet 集合实现。

4. 从键盘输入一段英文句子,按照单词的正序统计每个单词出现的次数。

5. 实现数组和集合的相互转换。

上机实验 9

I/O 流

实验目的:

◆ 熟悉如何使用 File 类操作文件。

◆ 熟悉如何使用字节流读写文件。

◆ 熟悉如何使用字符流读写文件。

9.1 File 类

File 类定义了一些与平台无关的方法用于操作文件。通过调用 File 类提供的各种方法,能够创建、删除或者重命名文件,判断硬盘上某个文件是否存在,查询文件最后修改时间等。

实验 9-1 目录和文件的创建

【内容】

在 D 盘下创建名称为 myfile 的文件夹,在此文件夹下创建两个文件,名称分别是 mytext.txt 和 myword.docx。

【思路】

(1) 使用 File 类创建名称为 myfile 的文件夹,先判断此文件夹是否存在,如果不存在则创建,如果存在则给出提示。创建文件夹使用 File 类中的 mkdir()方法。

(2) 使用 File 类分别创建名称为 mytext.txt 和 myword.docx 的文件,创建文件使用 File 类中的 createNewFile()方法。

(3) 创建文件时会出现异常,使用 try…catch 语句捕获 IOException 异常。

【代码】

```java
package nine;
import java.io.File;
import java.io.IOException;
public class FileCreateDemo {
    public static void main(String[] args) {
        File myfile=new File("d:/myfile");
```

```
        if(!myfile.exists()) {
            if(myfile.mkdir()) {
                System.out.println("myfile 文件夹创建完成");
            }else {
                System.out.println("myfile 文件夹创建失败");
            }
        }else {
            System.out.println("myfile 文件夹已经存在");
        }
        File mytext=new File(myfile,"mytext.txt");
        File myword=new File(myfile,"myword.docx");
        try {
            if(!mytext.exists()) {
                if(mytext.createNewFile()) {
                    System.out.println("mytext.txt 创建完成");
                }else {
                    System.out.println("mytext.txt 创建失败");
                }
            }else {
                System.out.println("mytext.txt 已经存在");
            }
            if(!myword.exists()) {
                if(myword.createNewFile()) {
                    System.out.println("myword.docx 创建完成");
                }else {
                    System.out.println("myword.docx 创建失败");
                }
            }else {
                System.out.println("mytext.txt 已经存在");
            }
        }catch(IOException e) {
            e.printStackTrace();
        }
    }
}
```

【运行结果】

如图 9-1 所示,在 D 盘下创建了 myfile 文件夹,在此文件夹下创建了两个文件。

实验 9-2　文件属性

【内容】

显示实验 9-1 中创建的 myword.docx 文件的相关属性,包括文件是否可读、文件是否可写、文件的绝对路径、文件长度、文件最后修改时间。

图 9-1   目录和文件的创建

【思路】

（1）使用 File 类封装文件 myword.docx。

（2）判读 myword.docx 是否存在，如果存在则使用 File 类提供的方法显示该文件的相关属性。

【代码】

```java
package nine;
import java.io.File;
import java.text.SimpleDateFormat;
public class FileAttributeDemo {
    public static void main(String[] args) {
        File myfile=new File("d:/myfile/myword.docx");
        if(myfile.exists()) {
            System.out.println(myfile.canRead()?"文件可读":"文件不可读");
            System.out.println(myfile.canWrite()?"文件可写":"文件不可写");
            System.out.println("文件的绝对路径:"+myfile.getAbsolutePath());
            System.out.println("文件的长度:"+myfile.length());
            System.out.println("文件的最后修改时间:"+new SimpleDateFormat("yyyy-MM-dd HH-mm-ss").format(myfile.lastModified()));
        }else {
            System.out.println("此文件不存在");
        }
    }
}
```

【运行结果】

如图 9-2 所示，运行程序，显示该文件的相关属性。

```
Problems  @ Javadoc  Declaration  Console ✖
<terminated> FileAttributeDemo [Java Application] C:\Program Files\Java\jre1.8.0_131\bin\javaw.exe (2023年4月21日 上午9:23:30)
文件可读
文件可写
文件的绝对路径:d:\myfile\myword.docx
文件的长度:0
文件的最后修改时间:2023-04-21 08-55-37
```

图 9-2   文件的属性

实验 9-3　遍历指定扩展名的文件

【内容】

遍历 myfile 文件夹下扩展名为 docx 的文件,显示文件的路径和名称。

【思路】

(1) 定义文件过滤器类 NameFilter,实现接口 FileFilter,重写 FileFilter 中的抽象方法 accept(),过滤扩展名为 docx 的文件。

(2) 使用 File 类封装文件 myfile。

(3) 使用 File 类中的 listFiles()方法,把文件过滤器类 NameFilter 的对象作为 listFiles() 方法的参数,获得所有扩展名为 docx 的文件,并存放到 File 类型的数组中。

(4) 遍历数组输出所有文件的名称。

【代码】

```java
package nine;
import java.io.File;
import java.io.FileFilter;
public class FilterDemo {
    public static void main(String[] args) {
        File file=new File("d:/myfile");
        File[] list =file.listFiles(new NameFilter());
        for(File fil:list){
            System.out.println(fil);
        }
    }
}
class NameFilter   implements FileFilter{
    public boolean accept(File pathname){
        String name =pathname.getName();
        return name.endsWith(".docx");
    }
}
```

【运行结果】

如图 9-3 所示,运行程序显示 myfile 文件夹下所有扩展名为 docx 的文件。

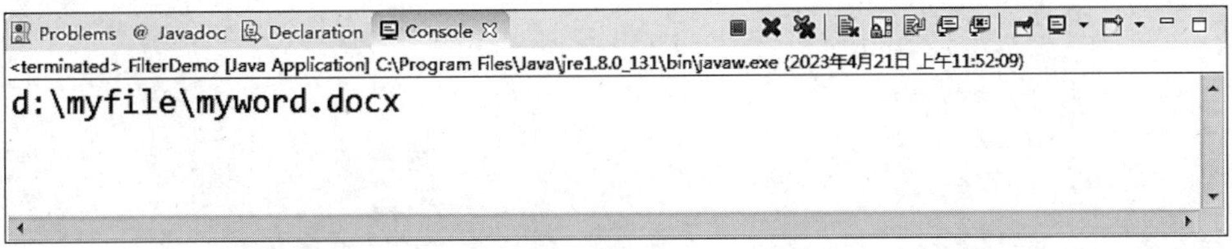

图 9-3　遍历指定扩展名的文件

实验 9-4　创建日记文件

【内容】

创建一个日记目录结构,表示 2023 年的每一天的日记文件。要求包含一个名称为"2023 年"的文件夹,此文件夹下包含 12 个文件夹,文件夹的名称分别为"1~12 月",每个月份的文件夹下包含了每天的日记文件,名称为"X 年 X 月 X 日日记.txt"。

【思路】

(1) 使用 File 类的 mkdir()方法在 D 盘下创建名称为"2023 年"的文件夹。

(2) 使用 for 循环在"2023 年"文件夹下创建 12 个文件夹,名称分别为"1~12 月"。

(3) 计算 2023 年每个月的天数,通过判断 2023 年是否为闰年计算 2 月的天数。

(4) 使用 File 类的 createNewFile()方法为每天创建一个日记文件。

【代码】

```java
package nine;
import java.io.File;
import java.io.IOException;
public class MakeDairyDirectoryDemo {
    public static void main(String[] args) {
        File parentPath=new File("D:/我的日记");
        if(!parentPath.exists()) {
            parentPath.mkdir();
        }
        File   year=new File(parentPath,(2023+"年"));
        year.mkdir();
        for (int j =1; j <=12; j++) {
            File   month=new File(year,j+"月");
            month.mkdir();
            int daysCount=0;
            switch(j){
            case 1:
            case 3:
            case 5:
            case 7:
            case 8:
            case 10:
            case 12:
                daysCount=31;
                break;
            case 4:
            case 6:
            case 9:
            case 11:
                daysCount=30;
```

```
                break;
            case 2:
                if((2023%400==0)||((2023%4==0)&&(2023%100!=0))){
                    daysCount=29;
                }else{
                    daysCount=28;
                }
                break;
            }
            for (int k =1; k <=daysCount; k++) {
                File diaryFileName=new File(month,"2023"+"年"+j+"月"+k+"日的日
记.txt");
                try {
                    diaryFileName.createNewFile();
                } catch (IOException e) {
                    e.printStackTrace();
                }
            }
        }
    }
}
```

【运行结果】

如图 9-4 所示，为 2023 年每个月创建了文件夹。

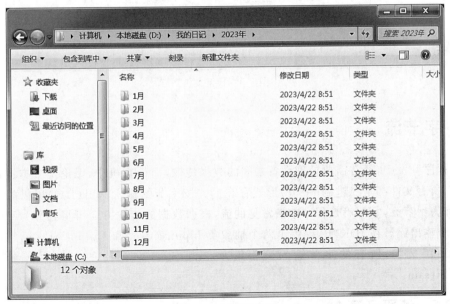

图 9-4 创建文件夹

如图 9-5 所示，为每一天创建了一个日记文件。

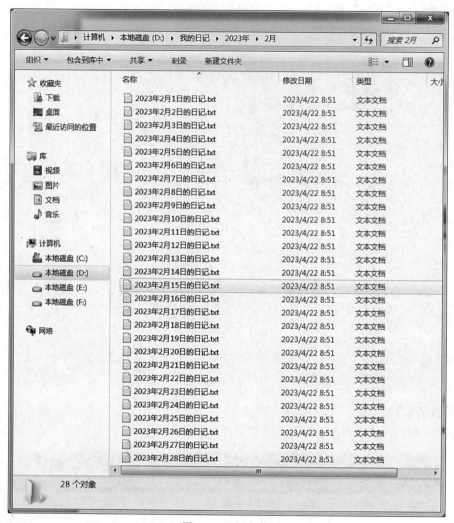

图 9-5   日记文件

9.2   字节流

在程序开发中,经常需要处理设备之间的数据传输,而计算机中,无论是文本、图片、还是视频,所有文件都是二进制(字节)形式存在的。按字节的输入输出(I/O)提供的一系列的流,称为字节流,字节流是程序中最常见的流,根据数据的传输方向可将其分为字节输入流和字节输出流。在 JDK 中,提供了两个抽象类 InputStream 和 OutputStream,它们是字节流的顶级父类,所有的字节输入流都继承 InputStream,所有的字节输出流都继承 OutputStream。

实验 9-5   读取日记 1

【内容】
使用字节输入流读取"2023 年 4 月 2 日的日记.txt"文件里面的内容。

【思路】

（1）使用字节输入流 FileInputStream 类封装"2023 年 4 月 2 日的日记.txt"文件。

（2）定义一个字节数组 buffer，使用字节输入流 FileInputStream 类的 read()方法把文件中的数据存入数组 buffer 中，该方法的返回值是读取的字节长度。

（3）把字节数组转换为字符串并输出。

（4）关闭字节输入流。

（5）在使用字节输入流读取数据时会出现异常，使用 try…catch…finally 处理异常信息。

【代码】

```java
package nine;
import java.io.FileInputStream;
import java.io.IOException;
public class FileInputStreamDemo {
    public static void main(String[] args) {
        FileInputStream fis=null;
        try {
            fis=new FileInputStream("d:/我的日记/2023年/4月/2023 年 4 月 2 日的日记.txt");
            byte buffer[]=new byte[1024];
            int length=0;
            while((length=fis.read(buffer))!=-1) {
                System.out.println(new String(buffer,0,length));
            }
        }catch(IOException e) {
            e.printStackTrace();
        }finally {
            try {
                fis.close();
            }catch(IOException e) {
                e.printStackTrace();
            }
        }
    }
}
```

【运行结果】

如图 9-6 所示，从"2023 年 4 月 2 日的日记.txt"文件中读取了日记内容。

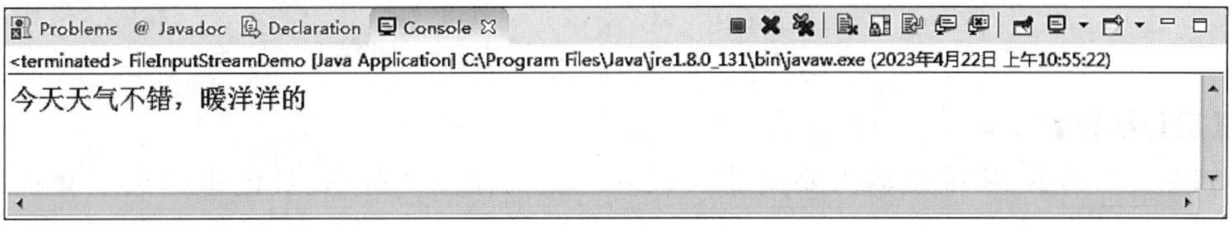

图 9-6　读取日记 1

实验 9-6　写日记 1

【内容】

使用字节输出流在"2023 年 4 月 2 日的日记.txt"文件里继续写日记。

【思路】

（1）使用 Scanner 类从键盘输入日记内容，把输入的内容转换为字节存放到数组中。

（2）使用字节输出流 FileOutputStream 类封装"2023 年 4 月 2 日的日记.txt"文件，保留原文件内容，在结尾处继续添加数据。

（3）使用字节输出流 FileOutputStream 类的 write()方法将字节数组中的数据写入文件中。

（4）关闭字节输出流。

（5）在使用字节输出流写数据时会出现异常，使用 try…catch…finally 处理异常信息。

【代码】

```java
import java.io.IOException;
import java.util.Scanner;
public class FileOutputStreamDemo {
    public static void main(String[] args) {
        Scanner sc=new Scanner(System.in);
        System.out.println("请输入要继续写的日记内容:");
        String s=sc.nextLine();
        byte b[]=s.getBytes();
        FileOutputStream fos=null;
        try {
            fos=new FileOutputStream("d:/我的日记/2023年/4月/2023年4月2日的日
记.txt",true);
            fos.write(b);
        }catch(IOException e) {
            e.printStackTrace();
        }finally {
            try {
              fos.close();
            }catch(IOException e) {
              e.printStackTrace();
            }
        }
    }
}
```

【运行结果】

如图 9-7 所示，从键盘输入要写的日记内容。如图 9-8 所示，日记中记载了新输入的内容。

图 9-7　输入日记内容 1

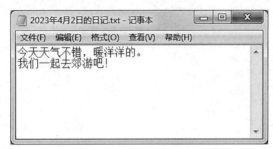

图 9-8　日记中新输入的内容 1

实验 9-7　日记复制 1

【内容】

使用字节输入流和字节输出流把"2023 年 4 月 2 日的日记.txt"文件里的内容复制粘贴到"2023 年 4 月 3 日的日记.txt"文件中。

【思路】

（1）使用字节输入流 FileInputStream 类封装"2023 年 4 月 2 日的日记.txt"文件。

（2）使用字节输出流 FileOutputStream 类封装"2023 年 4 月 3 日的日记.txt"文件。

（3）通过 while 循环使用字节输入流 FileInputStream 类的 read()方法从文件中将字节逐个读取，再使用字节输出流 FileOutputStream 类的 write()方法将字节逐个写入文件。

（4）关闭字节输入流和字节输出流。

【代码】

```
package nine;
import java.io.FileInputStream;
import java.io.FileOutputStream;
import java.io.IOException;
public class InputStreamCopyDemo {
    public static void main(String[] args) {
        FileInputStream fis=null;
        FileOutputStream fos=null;
        try {
            fis=new FileInputStream("d:/我的日记/2023年/4月/2023年4月2日的日
记.txt");
            fos=new FileOutputStream("d:/我的日记/2023年/4月/2023年4月3日的日
记.txt");
            int length;
            while((length=fis.read())!=-1)
```

```
            fos.write(length);
        }catch(IOException e) {
            e.printStackTrace();
        }finally {
            try {
                fis.close();
                fos.close();
                System.out.println("复制完成");
            }catch(IOException e) {
                e.printStackTrace();
            }
        }
    }
}
```

【运行结果】

如图 9-9 所示,完成了日记的复制。

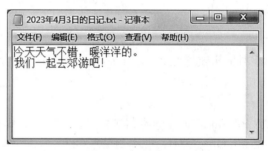

图 9-9　复制日记 1

9.3　字符流

　　Java 还提供了字符流,用于操作字符。与字节流相似,字符流也有两个抽象基类,分别是 Reader 和 Writer。Reader 是字符输入流,用于从目标文件读取字符;Writer 是字符输出流,用于向目标文件写入字符。字符流也是由两个抽象基类衍生出很多子类,由子类来实现功能,很多子类都是成对(输入流和输出流)出现的,其中 FileReader 和 FileWriter 用于读写文件,BufferedReader 和 BufferedWirter 是具有缓冲功能的流,使用它们可以提高读写效率。

实验 9-8　读取日记 2

【内容】

使用字符输入流读取"2023 年 4 月 2 日的日记.txt"文件里面的内容。

【思路】

(1) 使用字符输入流 FileReader 类封装"2023 年 4 月 2 日的日记.txt"文件。

(2) 通过 while 循环,使用 FileReader 类的 read()方法逐个读取字符并输出,直到结束为止。

（3）关闭字符输入流。

【代码】

```
package nine;
import java.io.FileReader;
public class FileReaderDemo {
    public static void main(String[] args) throws Exception{
        FileReader fr=new FileReader("d:/我的日记/2023年/4月/2023年4月2日的日
记.txt");
        int ch;
        while((ch=fr.read())!=-1) {
            System.out.print((char)ch);
        }
        fr.close();
    }
}
```

【运行结果】

如图 9-10 所示，使用字符输入流从"2023 年 4 月 2 日的日记.txt"文件中读取了日记
内容。

图 9-10　读取日记 2

实验 9-9　写日记 2

【内容】

使用字符输出流继续在"2023 年 4 月 2 日的日记.txt"文件写日记。

【思路】

（1）使用 Scanner 类从键盘输入日记内容，存放到字符串变量中。

（2）使用字符输出流 FileWriter 类封装"2023 年 4 月 2 日的日记.txt"文件，并且不清除
以前日记的内容，在结尾处继续添加数据。

（3）使用字符输出流 FileWriter 类的 write()方法将字符串写入文件中。

（4）关闭字符输出流。

【代码】

```
package nine;
import java.io.FileWriter;
import java.io.IOException;
import java.util.Scanner;
```

```
public class FileWriterDemo {
    public static void main(String[] args) throws IOException {
        Scanner sc=new Scanner(System.in);
        System.out.println("请输入要继续写的日记内容:");
        String s=sc.nextLine();
        FileWriter fw=new FileWriter("d:/我的日记/2023年/4月/2023年4月2日的日记.txt",true);
        fw.write(s);
        fw.close();
    }
}
```

【运行结果】

如图 9-11 所示,从键盘输入要写的日记内容。如图 9-12 所示,日记中记载了新输入的内容。

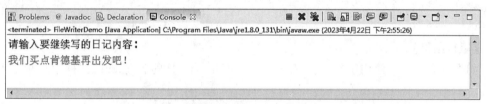

图 9-11 输入日记内容 2

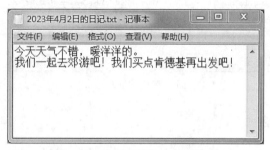

图 9-12 日记中新输入的内容 2

实验 9-10 日记复制 2

【内容】

使用字符缓冲流把"2023 年 4 月 2 日的日记.txt"文件里的内容复制粘贴到"2023 年 4 月 4 日的日记.txt"文件中。

【思路】

(1) 使用字符输入流 FileReader 类封装"2023 年 4 月 2 日的日记.txt"文件。再使用 BufferedReader 类对字符输入流进行包装。

(2) 使用字符输出流 FileWriter 类封装"2023 年 4 月 4 日的日记.txt"文件。再使用 BufferedWriter 类对字符输出流进行包装。

(3) 通过 while 循环使用 BufferedReader 类的 readLine()方法从文件中逐行读取数据,再使用 BufferedWriter 类的 write()方法将字符串写入文件。

（4）关闭所有流文件。

【代码】

```java
package nine;
import java.io.BufferedReader;
import java.io.BufferedWriter;
import java.io.FileReader;
import java.io.FileWriter;
import java.io.IOException;
public class BufferedCopyDemo {
    public static void main(String[] args) throws IOException {
        FileReader fr = new FileReader("d:/我的日记/2023年/4月/2023年4月2日的日
记.txt");
        FileWriter fw = new FileWriter("d:/我的日记/2023年/4月/2023年4月4日的日
记.txt");
        BufferedReader br = new BufferedReader(fr);
        BufferedWriter bw = new BufferedWriter(fw);
        String str;
        while ((str = br.readLine()) != null) {
            bw.write(str);
            bw.newLine();
        }
        bw.close();
        br.close();
        fw.close();
        fr.close();
    }
}
```

【运行结果】

如图 9-13 所示，完成了日记的复制。

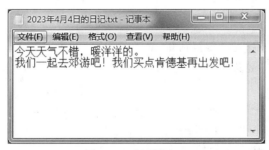

图 9-13　复制日记 2

自测题

1. 遍历指定文件夹下的所有文件。
2. 删除 myfile 文件夹下所有文件及 myfile 文件夹。
3. 使用字符缓冲流完成文件的复制

上机实验 **10**
GUI(图形用户界面)

实验目的:

◆ 了解 Swing 的相关概念。

◆ 掌握 Swing 常用组件的使用。

◆ 掌握 GUI 中的布局管理器。

◆ 掌握 GUI 中的事件处理机制。

10.1 Swing 常用组件及布局管理器

Swing 是一种轻量级组件,它由 Java 语言开发,同时底层以抽象窗口工具包(abstract window toolkit,AWT)为基础,使跨平台应用程序可以使用任何可插拔的外观风格,并且 Swing 可以通过简洁的代码、灵活的功能和模块化组件来创建友好的界面。同 AWT 相比, 在实际开发中,更多的是使用 Swing 进行图形用户界面开发。需要注意的是,Swing 并不是 AWT 的替代品,而是在原有的 AWT 的基础上进行了补充和改进。

实验 10-1 简易计算器界面

【内容】

设计一个简易计算器的界面,包括0~9 十个数字、+、-、*、/、=、.和 CE 等按键,以及 一个文本框,用于显示按键及运算的内容。

【思路】

(1) 定义一个计算器类 Calculater,继承顶层窗口类 JFrame。

(2) 创建 17 个按钮组件,用于表示 0~9 十个数字、+、-、*、/、=、.和 CE。创建一个 文本框组件,长度是 20,用于显示按键及运算的内容。

(3) 在计算器类 Calculater 的构造方法中,定义两个面板容器类 JPanel。在第一个面板 容器类中添加文本框组件和 CE 按钮组件,使用的是边界布局管理器。在第二个面板容器 类中添加其他的按钮组件,使用的是网格布局管理器。

(4) 将两个面板容器类分别添加到当前窗口中,设置窗口的标题、大小、位置、关闭方式 以及可见性。

【代码】

```
package ten;
import java.awt.BorderLayout;
import java.awt.Color;
import java.awt.Font;
import java.awt.GridLayout;
import javax.swing.JButton;
import javax.swing.JFrame;
import javax.swing.JPanel;
import javax.swing.JTextField;
public class Calculater extends JFrame{
    private String name[]={"1","2","3","+","4","5","6","-","7","8","9"," * ",
"0",".","=","/"};
    JButton[] jButton=new JButton[name.length];
    private JTextField jTextField=new JTextField(20);
    public Calculater() {
        JPanel jPanel=new JPanel();
        JPanel jPanel2=new JPanel(new GridLayout(4,4));
        JButton ce=new JButton("CE");
        for(int i=0;i<name.length;i++) {
            jButton[i]=new JButton(name[i]);
            jPanel2.add(jButton[i]);
            Font font=new Font("Courier New",Font.BOLD,22);
            jButton[i].setFont(font);
        }
        jPanel.add(jTextField,BorderLayout.WEST);
        jPanel.add(ce,BorderLayout.EAST);
        jPanel.setBackground(new Color(102,204,255));
        this.add(jPanel,BorderLayout.NORTH);
        this.add(jPanel2,BorderLayout.CENTER);
        this.setTitle("简易计算器");
        this.setDefaultCloseOperation(JFrame.EXIT_ON_CLOSE);
        this.setLocation(300, 300);
        this.setSize(300, 250);
        this.setVisible(true);
    }
    public static void main(String[] args) {
        new Calculater();
    }
}
```

【运行结果】

如图 10-1 所示,运行程序显示计算器的界面。

图 10-1　简易计算器界面

实验 10-2　简易记事本界面

【内容】

设计一个简易记事本的界面,包括两个下拉菜单,分别是"文件"和"帮助"。"文件"下拉菜单里包含"新建"、"保存"和"退出"3 个菜单项,"帮助"下拉菜单包含"帮助文件"一个菜单项。

【思路】

(1) 定义一个记事本类 Notepad,继承顶层窗口类 JFrame。

(2) 创建一个菜单栏对象,用于管理一组菜单。创建两个菜单对象,用于管理菜单项。创建 4 个菜单项,显示下拉菜单项里面的内容。

(3) 分别把两个菜单添加到菜单栏中,再把 4 个菜单项添加到各自的菜单中。使用 setJMenuBar()方法设置顶层窗口的菜单栏。

(4) 设置窗口的标题、大小、位置、关闭方式以及可见性。

【代码】

```
package ten;
import javax.swing.JFrame;
import javax.swing.JMenu;
import javax.swing.JMenuBar;
import javax.swing.JMenuItem;
public class Notepad extends JFrame{
    JMenuBar menubar=new JMenuBar();
    JMenu menu1=new JMenu("文件(F)");
    JMenu menu2=new JMenu("帮助(H)");
    JMenuItem menu1_item1=new JMenuItem("新建");
    JMenuItem menu1_item2=new JMenuItem("保存");
    JMenuItem menu1_item3=new JMenuItem("退出");
    JMenuItem menu2_item1=new JMenuItem("帮助文件");
    public Notepad() {
        this.setTitle("记事本");
        menubar.add(menu1);
        menubar.add(menu2);
```

```
        menu1.add(menu1_item1);
        menu1.addSeparator();
        menu1.add(menu1_item2);
        menu1.addSeparator();
        menu1.add(menu1_item3);
        menu2.add(menu2_item1);
        this.setJMenuBar(menubar);
        this.setSize(400, 300);
        this.setLocationRelativeTo(null);
        this.setDefaultCloseOperation(JFrame.EXIT_ON_CLOSE);
        this.setVisible(true);
    }
    public static void main(String[] args) {
        new Notepad();
    }
}
```

【运行结果】

如图 10-2 所示,运行程序显示记事本的界面。

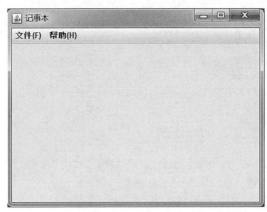

图 10-2　记事本

实验 10-3　QQ 登录界面

【内容】

模拟设计一个 QQ 登录界面。

【思路】

(1) 定义一个 QQ 类,继承顶层窗口类 JFrame。

(2) 定义最小化按钮组件、关闭按钮组件、登录按钮组件、忘记密码标签组件、注册账号标签组件、账号文本框组件、密码框组件、自动登录复选框组件和记住密码复选框组件。定义 5 个面板容器类,分别是东部面板容器类、南部面板容器类、西部面板容器类、北部面板容器类和中部面板容器类。

(3) 在构造方法中,设置窗口的标题、大小、位置、图标、关闭方式、取消自带的边框、是否可调整大小以及可见性。

　　(4) 定义创建北部面板容器类对象的方法,在北部面板容器类对象中添加一个标签组件,用于显示图片,添加最小化按钮组件、关闭按钮组件,并设置最小化按钮组件、关闭按钮组件的相关属性。

　　(5) 定义创建西部面板容器类对象的方法,在西部面板容器类对象中添加一个标签组件,用于显示图片,并设置标签组件的属性。

　　(6) 定义创建中部面板容器类对象的方法,在中部面板容器类对象中添加账号文本框组件、密码框组件、自动登录复选框组件和记住密码复选框组件,并设置各组件的属性。

　　(7) 定义创建南部面板容器类对象的方法,在南部面板容器类对象中添加登录按钮组件,并设置该组件的属性。

　　(8) 定义创建东部面板容器类对象的方法,在东部面板容器类对象中添加忘记密码标签组件、注册账号标签组件,并设置各组件的属性。

　　(9) 窗口类使用的是边界布局管理器,将东部面板容器类对象、南部面板容器类对象、西部面板容器类对象、北部面板容器类对象和中部面板容器类对象分别添加到边界布局管理器的东、南、西、北、中 5 个区域中。

【代码】

```
package ten;
import java.awt.BorderLayout;
import java.awt.Color;
import java.awt.Cursor;
import java.awt.Dimension;
import java.awt.Font;
import java.awt.event.ActionEvent;
import java.awt.event.ActionListener;
import java.awt.event.MouseAdapter;
import java.awt.event.MouseEvent;
import java.awt.event.MouseMotionAdapter;
import javax.swing.ImageIcon;
import javax.swing.JButton;
import javax.swing.JCheckBox;
import javax.swing.JFrame;
import javax.swing.JLabel;
import javax.swing.JPanel;
import javax.swing.JPasswordField;
import javax.swing.JTextField;
import javax.swing.SwingConstants;
public class QQ extends JFrame{
    private JFrame frame;
    private int x = 0, y = 0;
    private JButton miniButton;
        private JButton closeButton;
```

```
    private JButton loginButton;
    private JPanel northPanel;
    private JPanel westPanel;
    private JPanel centerPanel;
    private JPanel eastPanel;
    private JPanel southPanel;
    private JLabel forgetLabel;
    private JLabel regeditLabel;
    private JTextField username;
    private JPasswordField password;
    private JCheckBox autocheckbox;
    private JCheckBox remebercheckbox;
    private final int WIDTH = 500;
    private final int HEIGHT = 340;
    public QQ() {
        frame = new JFrame("QQ登录");
        frame.setSize(WIDTH, HEIGHT);
        frame.setLocationRelativeTo(null);
        frame.setIconImage((new ImageIcon("images/icon.jpg").getImage()));
        frame.setDefaultCloseOperation(JFrame.EXIT_ON_CLOSE);
        frame.setUndecorated(true);
        frame.setResizable(false);
        northPanel = createNorth();
        westPanel = createWest();
        centerPanel = createCenter();
        southPanel = createSouth();
        eastPanel = createEast();
        frame.add(northPanel, BorderLayout.NORTH);
        frame.add(westPanel, BorderLayout.WEST);
        frame.add(southPanel, BorderLayout.SOUTH);
        frame.add(centerPanel, BorderLayout.CENTER);
        frame.add(eastPanel, BorderLayout.EAST);
        frame.setVisible(true);
    }
    public JPanel createNorth() {
        JPanel northPanel = new JPanel();
        northPanel.setLayout(null);
        northPanel.setPreferredSize(new Dimension(0, 190));
        ImageIcon image = new ImageIcon("images/b.jpg");
        JLabel imagelabel = new JLabel(image);
        imagelabel.setBounds(0, 0, 500, 190);
        imagelabel.setOpaque(false);
        closeButton = new JButton(new ImageIcon("images/close_normal.png"));
        closeButton.setBounds(468, 0, 30, 30);
```

```java
        closeButton.setToolTipText("关闭");
        closeButton.setContentAreaFilled(false);
        closeButton.setBorderPainted(false);
        closeButton.setFocusPainted(false);
        closeButton.setCursor(Cursor.getPredefinedCursor(Cursor.HAND_CURSOR));
        miniButton = new JButton(new ImageIcon("images/mini.jpg"));
        miniButton.setBounds(437, 0, 30, 30);
        miniButton.setToolTipText("最小化");
        miniButton.setContentAreaFilled(false);
        miniButton.setBorderPainted(false);
        miniButton.setFocusPainted(false);
        miniButton.setCursor(Cursor.getPredefinedCursor(Cursor.HAND_CURSOR));
        northPanel.add(closeButton);
        northPanel.add(miniButton);
        northPanel.add(imagelabel);
        return northPanel;
    }
    public JPanel createWest() {
        JPanel westPanel = new JPanel();
        westPanel.setLayout(null);
        westPanel.setPreferredSize(new Dimension(160, 0));
        ImageIcon image = new ImageIcon("images/qq.png");
        JLabel imagelabel = new JLabel(image);
        imagelabel.setBounds(35, 0, 100, 100);
        westPanel.add(imagelabel);
        return westPanel;
    }
    public JPanel createCenter() {
        JPanel centerPanel = new JPanel();
        centerPanel.setLayout(null);
        centerPanel.setPreferredSize(new Dimension(0, 220));
        username = new JTextField(10);
        username.setBounds(0, 10, 200, 30);
        username.setFont(new Font("宋体", Font.BOLD, 17));
        remebercheckbox = new JCheckBox("记住密码");
        remebercheckbox.setBounds(0, 78, 80, 18);
        autocheckbox = new JCheckBox("自动登录");
        autocheckbox.setBounds(110, 78, 80, 18);
        username.setOpaque(false);
        centerPanel.add(username);
        password = new JPasswordField(18);
        password.setBounds(0, 42, 200, 30);
        password.setFont(new Font("宋体", Font.BOLD, 17));
        password.setOpaque(false);
```

```
            centerPanel.add(remebercheckbox);
            centerPanel.add(password);
            centerPanel.add(autocheckbox);
            return centerPanel;
        }
        public JPanel createSouth() {
            JPanel southPanel =new JPanel();
            southPanel.setLayout(null);
            southPanel.setPreferredSize(new Dimension(0, 40));
            loginButton = new JButton ( " 登  录", new ImageIcon ( " images/login_
normal.png"));
            loginButton.setRolloverIcon(new ImageIcon("images/login_hover.png"));
            loginButton.setPressedIcon(new ImageIcon("images/login_hover.png"));
            loginButton.setBounds(160, 0, 200, 30);
            loginButton.setCursor(Cursor.getPredefinedCursor(Cursor.HAND_CURSOR));
            loginButton.setContentAreaFilled(false);
            loginButton.setFocusPainted(false);
            loginButton.setBorderPainted(false);
            loginButton.setFocusPainted(false);
            loginButton.setVerticalTextPosition(SwingConstants.CENTER);
            loginButton.setHorizontalTextPosition(SwingConstants.CENTER);
            loginButton.setFont(new Font("宋体", Font.BOLD, 15));
            loginButton.setForeground(new Color(255, 255, 255));
            southPanel.add(loginButton);
            return southPanel;
        }
        public JPanel createEast() {
            JPanel eastPanel =new JPanel();
            eastPanel.setLayout(null);
            eastPanel.setPreferredSize(new Dimension(130, 0));
            regeditLabel =new JLabel("注册账号");
            regeditLabel.setBounds(0, 10, 100, 30);
            regeditLabel.setFont(new Font("宋体", Font.BOLD, 15));
            regeditLabel.setForeground(new Color(100, 149, 238));
            regeditLabel.setCursor(Cursor.getPredefinedCursor(Cursor.HAND_CURSOR));
            forgetLabel =new JLabel("忘记密码");
            forgetLabel.setBounds(0, 42, 100, 30);
            forgetLabel.setFont(new Font("宋体", Font.BOLD, 15));
            forgetLabel.setForeground(new Color(100, 149, 238));
            forgetLabel.setCursor(Cursor.getPredefinedCursor(Cursor.HAND_CURSOR));
            eastPanel.add(regeditLabel);
            eastPanel.add(forgetLabel);
            return eastPanel;
        }
```

```
    public static void main(String[] args) {
        new QQ();
    }
}
```

【运行结果】

如图 10-3 所示,运行程序显示 QQ 的登录界面。

图 10-3　QQ 登录界面

10.2　事件处理机制

Swing 组件中的事件处理专门用于用户的操作,例如,用户的单击鼠标、按下键盘等操作。在 Swing 事件处理的过程中,主要涉及如下 3 类对象。

(1) 事件源(event source):事件发生的场所,通常就是产生事件的组件,如窗口、按钮、菜单等。

(2) 事件对象(event):封装了 GUI 组件上发生的特定事件(通常就是用户的一次操作)。

(3) 监听器(listener):负责监听事件源上发生的事件,并对各种事物做出相应处理的对象(对象中包含事件处理器)。

上面提到的事件源、事件对象和监听器在整个事件处理过程中都起着非常重要的作用,它们彼此之间有着非常紧密的联系。

实验 10-4　简易计算器

【内容】

根据实验 10-1 设计的简易计算器界面,完成计算器的功能。

【思路】

(1) 顶层窗口实现 ActionListener 接口,重写 actionPerformed()方法,对所有的按钮添加监听事件。

（2）10 个数字按钮"0~9"和小数点按钮"."的监听事件是，当单击按钮时，在文本框中对应的数字。

（3）＋、一、＊、/和＝按钮的监听事件是，当单击按钮时，在文本框中显示计算结果。

（4）CE 按钮的监听事件是，当单击按钮时，清空文本框的内容。

【代码】

```java
package ten;
import java.awt.BorderLayout;
import java.awt.Color;
import java.awt.Font;
import java.awt.GridLayout;
import java.awt.event.ActionEvent;
import java.awt.event.ActionListener;
import javax.swing.JButton;
import javax.swing.JFrame;
import javax.swing.JPanel;
import javax.swing.JTextField;
public class CalculaterDemo extends JFrame implements ActionListener{
    private String name []= {"1","2","3","+","4","5","6","-","7","8","9"," * ",
"0",".","=","/"};
    JButton[] jButton=new JButton[name.length];
    private double num=0;
    private String command="=";
        private boolean operateValidFlag =true;
        private boolean firstOperator=true;
    private JTextField jTextField=new JTextField(20);
    public CalculaterDemo() {
        JPanel jPanel=new JPanel();
        JPanel jPanel2=new JPanel(new GridLayout(4,4));
        JButton ce=new JButton("CE");
        ce.addActionListener(this);
        for(int i=0;i<name.length;i++) {
            jButton[i]=new JButton(name[i]);
            jButton[i].addActionListener(this);
            jPanel2.add(jButton[i]);
            Font font=new Font("Courier New",Font.BOLD,22);
            jButton[i].setFont(font);
        }
        jPanel.add(jTextField,BorderLayout.WEST);
        jPanel.add(ce,BorderLayout.EAST);
        jPanel.setBackground(new Color(102,204,255));
        this.add(jPanel,BorderLayout.NORTH);
        this.add(jPanel2,BorderLayout.CENTER);
        this.setLocation(500, 500);
```

```java
            this.setSize(400, 300);
            this.setDefaultCloseOperation(JFrame.EXIT_ON_CLOSE);
            this.setVisible(true);
        }
    @Override
    public void actionPerformed(ActionEvent e) {
        String input=e.getActionCommand();
        if(input.equals("CE")) {
            jTextField.setText("");
            num=0;
            firstOperator=true;
        }else if(input.equals("+")||input.equals("-")||input.equals("*")||input.
        equals("/")||input.equals("=")) {
            if(!firstOperator) {
                calculate(Double.parseDouble(jTextField.getText()));
                command=input;
                operateValidFlag=true;
            }
        }else {
            if(operateValidFlag) {
                jTextField.setText("");
                operateValidFlag=false;
            }
            jTextField.setText(jTextField.getText()+input);
            firstOperator=false;
        }
    }
    public void calculate(double x) {
        if(command.equals("+")) {
            num+=x;
        }else if(command.equals("-")) {
            num-=x;
        }else if(command.equals("*")) {
            num*=x;
        }else if(command.equals("/")) {
            num/=x;
        }else if(command.equals("=")) {
            num=x;
        }
        jTextField.setText(""+num);
    }
    public static void main(String[] args) {
        new CalculaterDemo();
    }
}
```

【运行结果】

如图 10-4 所示,依次单击按钮"6""＊""9"和"＝",在文本框中显示计算的结果。

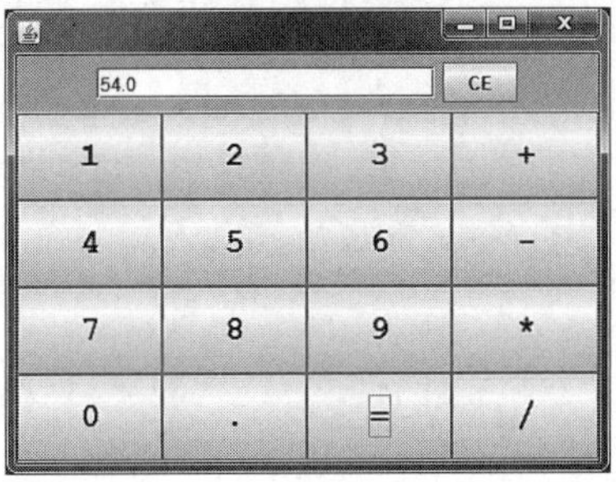

图 10-4　简易计算器

实验 10-5　QQ 登录

【内容】

根据实验 10-3 设计的 QQ 登录界面,完成 QQ 登录功能。

【思路】

(1) 对登录窗口的移动事件设置监听,通过鼠标的拖动改变窗口的位置。

(2) 对最小化按钮和关闭按钮的单击事件设置监听,完成最小化和关闭的功能。

(3) 对登录按钮的单击事件设置监听,完成登录功能。若输入的用户名和密码与从文件中读取的用户名和密码一致,则登录成功,显示 QQ 的主页面,若不一致,则给出错误提示。

【代码】

由于 QQ 登录界面代码已在实验 10-3 中给出,本部分只列出各事件监听代码。

(1) 登录窗口的移动事件监听代码。

```
frame.addMouseListener(new MouseAdapter() {
        public void mousePressed(MouseEvent e) {
            x = e.getX();
            y = e.getY();
        }
    });
    frame.addMouseMotionListener(new MouseMotionAdapter() {
        public void mouseDragged(MouseEvent e) {
            int xScreen = e.getXOnScreen();
            int yScreen = e.getYOnScreen();
            int posX = xScreen - x;
            int posY = yScreen - y;
            frame.setLocation(posX, posY);
        }
    });
```

(2) 最小化按钮和关闭按钮的单击事件监听代码。

```
closeButton.addActionListener(new ActionListener() {
        @Override
        public void actionPerformed(ActionEvent arg0) {
            // TODO Auto-generated method stub
            System.exit(0);
        }
    });
miniButton.addActionListener(new ActionListener() {
        @Override
        public void actionPerformed(ActionEvent arg0) {
            // TODO Auto-generated method stub
            frame.setExtendedState(frame.ICONIFIED);
        }
    });
```

（3）登录按钮的单击事件监听代码。

```
loginButton.addActionListener(new ActionListener() {
        @Override
        public void actionPerformed(ActionEvent arg0) {
            // TODO Auto-generated method stub
            FileReader fr;
            try {
                fr =new FileReader("d:/test.txt");
                BufferedReader br =new BufferedReader(fr);
                String uname=br.readLine();
                String upassword=br.readLine();
if(username.getText().equals(uname)&&password.getText().equals(upassword)){
        JFrame jf =new JFrame("QQ主页");
        Toolkit t =Toolkit.getDefaultToolkit();
        Dimension d =t.getScreenSize();
        jf.setIconImage(new ImageIcon("images/icon.jpg").getImage());
        jf.setDefaultCloseOperation(EXIT_ON_CLOSE);
        ImageIcon background =new ImageIcon("images/qqs.jpeg");
        JLabel label =new JLabel(background);
        label.setBounds(0, 0, background.getIconWidth(), background.getIconHeight());
        JPanel imagePanel =(JPanel) jf.getContentPane();
        imagePanel.setOpaque(false);
        imagePanel.setLayout(new FlowLayout());
        jf.getLayeredPane().setLayout(null);
        jf.getLayeredPane().add(label, new Integer(Integer.MIN_VALUE));
        jf.setSize(background.getIconWidth(), background.getIconHeight());
        jf.setLocation(d.width -d.width / 4  , d.height / 7);
        jf.setVisible(true);
        frame.dispose();
    }else {
        System.out.println("登录失败");
```

```
            username.setText("");
            password.setText("");
    }

        } catch (IOException e) {
            // TODO Auto-generated catch block
            e.printStackTrace();
        }
    }
});
```

【运行结果】

如图 10-5 和图 10-6 所示,输入正确的用户名和密码后,显示 QQ 主界面。

图 10-5　QQ 登录

图 10-6　QQ 主界面

自测题

设计综合图书管理程序,要求如下。

利用图形界面设计一个图书管理程序。图书包括书名和价格两个属性,可以添加图书,添加图书时会判断是否存在,不存在的情况下可以添加,还可以修改图书、删除图书、图书的信息存放在 ArrayList 集合中。设计不同的窗体完成对应功能,各个窗体效果图如图 10-7~图 10-10 所示。

图 10-7　主界面

图 10-8　"添加图书"界面

图 10-9　"修改图书"界面

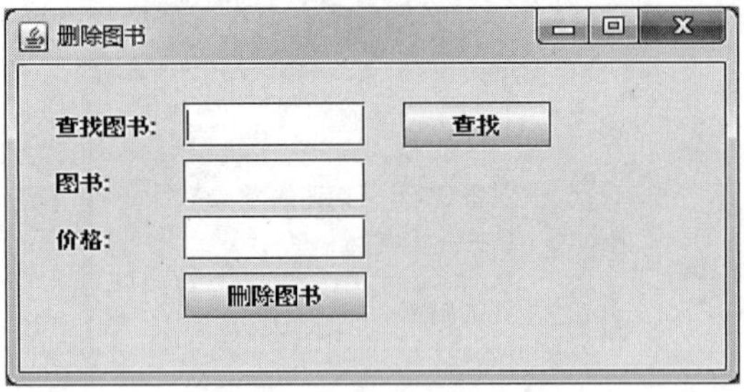

图 10-10　"删除图书"界面

线　程

实验目的：

◆ 掌握创建线程的方式。

◆ 掌握线程的生命周期及状态。

◆ 掌握线程的调度。

◆ 掌握多线程通信。

11.1　线程机制

多线程是提升程序性能非常重要的一种方式，也是学习 Java 编程必须要掌握的技术。使用多线程可以让程序充分利用 CPU 的资源，提高 CPU 的使用效率，从而解决高并发带来的负载均衡问题。

实验 11-1　龟兔赛跑

【内容】

以熟知的"龟兔赛跑"故事为例，兔子因为太过自满，在比赛过程中睡了一觉，导致乌龟赢得了比赛。本案例要求编写一个程序模拟龟兔赛跑，乌龟的速度为 1 米/1000 毫秒，兔子的速度为 1 米/100 毫秒，等兔子跑到 10 米时选择休息 18500 毫秒，结果乌龟赢得了比赛。

【思路】

（1）编写 Rabbit 类，继承 Thread 类，重写 run()方法，使用 Thread 线程的 sleep()方法设置兔子的速度为 1 米/100 毫秒，并且跑到 10 米时选择休息 18500 毫秒。

（2）编写 Tortoise 类，继承 Thread 类，重写 run()方法，使用 Thread 线程的 sleep()方法设置乌龟的速度为 1 米/1000 毫秒。

（3）在 main()方法中，启动两个线程模拟龟兔赛跑的过程。

【代码】

```
package eleven;
public class TortoiseAndRabbitRace {
    public static void main(String[] args) {
        Tortoise tortoise = new Tortoise("乌龟",1000);
```

```
        Rabbit rabbit =new Rabbit("兔子",100,18500);
        tortoise.start();
        rabbit.start();
        try {
            tortoise.join();
        } catch (InterruptedException e) {
            e.printStackTrace();
        }
        try {
            rabbit.join();
        } catch (InterruptedException e) {
            e.printStackTrace();
        }
        if(tortoise.getDantance() >rabbit.getDantance()){
            System.out.println("乌龟赢");
        }else if(tortoise.getDantance() <rabbit.getDantance()){
            System.out.println("兔子赢");
        }else{
            if(tortoise.getTime() >rabbit.getTime()){
                System.out.println("兔子赢");
            }else if(tortoise.getTime() <rabbit.getTime()){
                System.out.println("乌龟赢");
            }else{
                System.out.println("平局");
            }
        }
    }
}
class Rabbit extends Thread{
    private long time;
    private int rantimePerMeter;
    private int restTime;
    private final int MAX_LENGTH =20;
    private int dantance ;
    public Rabbit(String name, int rantimePerMeter, int restTime) {
        super(name);
        this.rantimePerMeter =rantimePerMeter;
        this.restTime =restTime;
    }
    public long getTime() {
        return time;
    }
    public int getDantance() {
        return dantance;
```

```
    }
    @Override
    public void run() {
        long start =System.currentTimeMillis();
        while (dantance <MAX_LENGTH ) {
            try {
                Thread.sleep(rantimePerMeter);
                dantance++;
            } catch (InterruptedException e) {
                e.printStackTrace();
            }
            System.out.println(getName() +"跑了" +dantance +"米");
            if (dantance ==10 ) {
                try {
                    Thread.sleep(restTime);
                } catch (InterruptedException e) {
                    e.printStackTrace();
                }
            }
        }
        if(dantance ==MAX_LENGTH) {
            System.out.println(getName() +"完成比赛");
        }
        long end =System.currentTimeMillis();
        time =end - start;
        System.out.println(getName() +"耗时为:" +time);
    }
}
class Tortoise extends Thread{
    private long time;
    private int rantimePerMeter;
    private final int MAX_LENGTH =20;
    private int dantance ;
    public Tortoise(String name, int rantimePerMeter) {
        super(name);
        this.rantimePerMeter =rantimePerMeter;
    }
    public long getTime() {
        return time;
    }
    public int getDantance() {
        return dantance;
    }
    @Override
```

```java
    public void run() {
        long start =System.currentTimeMillis();
        while (dantance <MAX_LENGTH ) {
            try {
                Thread.sleep(rantimePerMeter);
                dantance++;
            } catch (InterruptedException e) {
                e.printStackTrace();
            }
            System.out.println(getName() +"跑了" +dantance +"米");
        }
        if(dantance ==MAX_LENGTH) {

            System.out.println(getName() +"完成比赛");
        }
        long end =System.currentTimeMillis();
        time =end -start;
        System.out.println(getName() +"耗时为:" +time);
    }
}
```

【运行结果】

如图 11-1 所示,运行程序模拟龟兔赛跑过程,显示乌龟和兔子各自用了多长时间跑完比赛,以及最终的胜利者。

图 11-1   龟兔赛跑

11.2　多线程同步

多线程的并发执行可以提高程序的效率,但是,当多个线程去访问一个资源时,也会引发一些安全问题,如铁路售票系统。为了解决这样的问题,需要实现多线程的同步,即限制某个资源在同一时刻只能被一个线程访问。下面针对多线程的安全问题以及如何实现多线程同步进行讲解。

实验 11-2　SVIP 优先办理业务

【内容】

很多行业都会设置一些 SVIP 用户,在办理业务时,SVIP 用户具有最大的优先级。本案例要求编写一个模拟银行 SVIP 优先办理业务的程序,在正常的业务办理中,插入一个SVIP 用户,优先为 SVIP 用户办理业务。

【思路】

(1) 定义一个 SVIP 类实现 Runnable 接口,重写 Runnable 接口的 run()方法,在 run()方法中定义同步方法 synchronized(),模拟 SVIP 开始办理业务。

(2) 定义一个普通用户 User 类实现 Runnable 接口,重写 Runnable 接口的 run()方法,模拟正常情况下排队办理业务,当来了一个 SVIP 用户,使用 join()方法保证不被普通用户抢,优先办理业务。SVIP 业务办理完毕后,其他用户正常排队。

(3) 在 main()方法中,启动线程模拟 SVIP 办理业务的过程。

【代码】

```java
package eleven;
public class SVIPDemo {
    public static void main(String[] args) {
        User user = new User();
        Thread thread1 = new Thread(user);
        thread1.start();
    }
}
class SVip implements Runnable {
    private boolean isContinue;
    public boolean isContinue() {
        return isContinue;
    }
    public void setContinue(boolean aContinue) {
        isContinue = aContinue;
    }
    public SVip() {
    }
    public SVip(boolean isContinue) {
```

```java
                this.isContinue =isContinue;
        }
        @Override
        public void run() {
            synchronized (this){
                System.out.println("来了一位 SVIP 用户");
                System.out.println("SVIP 用户开始办理业务");
                System.out.println("SVIP 用户办理倒计时");
                for (int i =10; i >=0 ; i--) {
                    System.out.print(i+" ");
                    try {
                        Thread.sleep(1000);
                    } catch (InterruptedException e) {
                        e.printStackTrace();
                    }
                    if (i==0){
                        break;
                    }
                }
                System.out.println("SVIP 用户办理业务完成");
            }
        }
    }
class User implements Runnable {
    SVip sVip =new SVip(true);
    Thread thread =new Thread(sVip);
    @Override
    public void run() {
        System.out.println("窗口在正常排队");
        try {
            Thread.sleep(1000);
        } catch (InterruptedException e) {
            e.printStackTrace();
        }
        if (sVip.isContinue()){
            thread.start();
            try {
                thread.join();
            } catch (InterruptedException e) {
                e.printStackTrace();
            }
            sVip.setContinue(false);
        }
        System.out.println("窗口在正常排队");
    }
}
```

【运行结果】

如图 11-2 所示,模拟了 SVIP 用户来办理业务的优先过程。

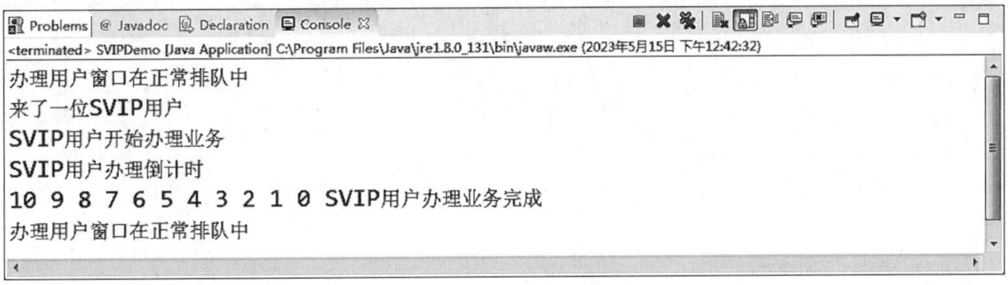

图 11-2　SVIP 优先办理业务

实验 11-3　双线程猜数字

【内容】

用两个线程玩猜数字游戏,第一个线程负责随机给出 1~10 的一个整数,第二个线程负责猜出这个数。要求每当第二个线程给出自己的猜测之后,第一个线程都会提示“猜小了”、“猜大了”或“猜对了”,直到猜对为止。

【思路】

(1) 定义两个线程类: 线程一和线程二。

(2) 第一个线程给出随机数,判断第二个线程猜测的数字和随机数之间的关系,并给出判断。

(3) 第二个线程猜测数字。猜数之前,要求第二个线程要等到第一个线程设置好要猜测的数。

(4) 第一个线程设置好猜测数之后,两个线程还要互相等待,其原则是,第二个线程给出自己的猜测后,等待第一个线程给出的提示;第一个线程给出提示后,等待第二个线程给出猜测,如此进行,直到第二个线程给出正确的猜测后,两个线程进入死亡状态。

(5) 为了实现线程一与线程二之间的联系,采用线程通信的方式(wait 和 notify)。

【代码】

```java
package eleven;
public class GuessNumberDemo {
    public static void main(String[] args) {
        Num num = new Num();
        GuessNum gn = new GuessNum(num);
        JudgeNum jn = new JudgeNum(num);
        jn.start();
        gn.start();
    }
}
class Num {
    int number;
    int flag = 0;
```

```
        boolean first =true;
        boolean stop =false;
}
class GuessNum extends Thread {
    Num num;
    String name ="GuessNumber-->";
    public GuessNum(Num num) {
        this.num =num;
    }
    public void run() {
        int max =10;
        int min =1;
        int guess =(int) (Math.random()  *  (max -min +1) +1);
        while (true) {
            try{
                synchronized (num) {
                    if (num.first) {
                        num.wait();
                    } else if (num.stop) {
                        System.out.println("---猜数结束---");
                        return;
                    } else {
                        switch (num.flag) {
                        case 0:// flag 为 0
                            break;
                        case 1:// 猜数大
                            if (max >guess)
                                max =guess;
                        guess =(int) (Math.random()  *  (max -min +1) +min);
                            break;
                        case -1:
                            if (min <guess)
                                min =guess;
                        guess =(int) (Math.random()  *  (max -min +1) +min);
                            break;
                        }
                        num.number =guess;
                        Thread.sleep(1000);
                        System.out.println();
                        System.out.println(name +guess);
                        System.out.println("max=" +max +" min=" +min);
                        num.notify();
                        num.wait();
                    }
```

```
                }
            }catch (Exception e) {
                e.printStackTrace();
            }
        }
    }
}
class JudgeNum extends Thread {
    Num num;
    String name;
    public JudgeNum(Num num) {
        this.num = num;
        this.name = "JudgeNumber-->";
    }
    public void run() {
        int random = 0;
        while (true) {
            try {
                synchronized (num) {
                    if (num.first) {
                        random = (int) (Math.random() * 10 + 1);
                        System.out.println(name + "随机数已产生:" + random);
                        num.first = false;
                        num.notify();
                        num.wait();
                    } else {
                        Thread.sleep(1000);
                        switch (judge(random)) {
                        case 1:
                            System.out.println(name + "猜大了!");
                            num.flag = 1;
                            break;
                        case -1:
                            System.out.println(name + "猜小了!");
                            num.flag = -1;
                            break;
                        case 0:
                            System.out.println(name + "猜对了!");
                            num.flag = 0;
                            num.stop = true; // 把 stop 设置成 true
                            num.notify();
                            return;
                        }
                        num.notify();
```

```
                        num.wait();
                    }
                }
            }catch (Exception e) {
                e.printStackTrace();
            }
        }
    }
    int judge(int jnum) {
        int result = 0;
        if (num.number > jnum) {
            result = 1;
        } else if (num.number < jnum) {
            result = -1;
        }
        return result;
    }
}
```

【运行结果】

如图 11-3 所示,运行程序显示两个线程猜数的过程。

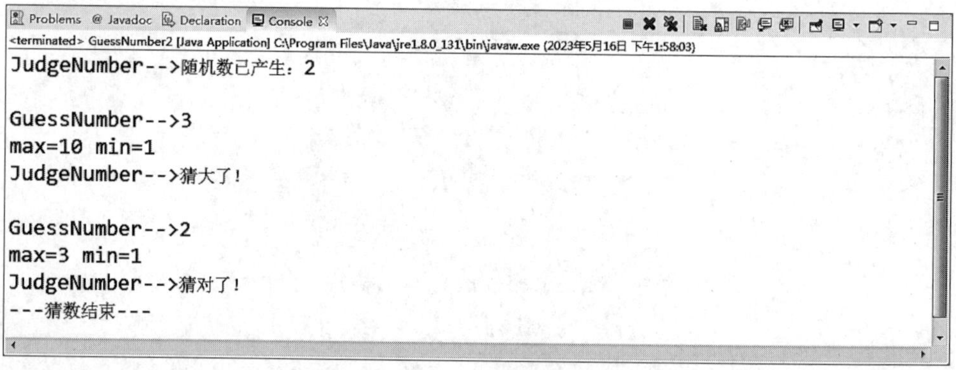

图 11-3   双线程猜数字

自测题

一张圆桌前坐着 5 个人,两个人中间有一支筷子,桌子中央有食物。一个人必须拿到两支筷子才能吃饭,在吃饭过程中,可能会发生 5 个人都拿起自己右手边的筷子,则所有人都处于等待状态,将产生死锁现象,这样每个人都因缺少左手边的筷子而没有办法吃饭。要求编写一个程序解决就餐问题,使每个人都能成功就餐。

上机实验 **12**

网络编程

实验目的：

◆ 了解网络通信协议。

◆ 掌握 IP 地址和端口号的作用。

◆ 掌握 UDP 和 TCP 通信方式。

12.1 UDP 通信

UDP 是无连接的通信协议，也是一种不可靠的网络通信协议，其传输速率高，但容易丢失数据。

实验 12-1 模拟用户聊天

【内容】

使用多线程和 UDP 通信方式完成用户聊天信息的发送和接收。

【思路】

（1）定义一个发送端程序类，实现 runnable 接口，在重写的 run（）方法中创建一个 DatagramSocket 对象，使用 DatagramSocket 类的 send（）方法将数据发送到对应的接收端。在使用 send（）方法发送数据前，先创建 DatagramPacket 对象，并指定目标 IP 地址（127.0.0.1）和端口号（9090），把 DatagramPacket 对象作为 send（）方法的参数。

（2）定义一个接收端程序类，实现 runnable 接口，在重写的 run（）方法中创建一个 DatagramSocket 对象，并指定其监听的端口号（9090），这样发送端就能通过这个端口号与接收端程序进行通信。创建一个 DatagramPacket 对象，在使用 DatagramSocket 类的 receive（）方法接收数据时，将数据填充到 DatagramPacket 对象中。

（3）因为用户聊天可以发送消息也可以接收消息，发送端也是接收端，在步骤（1）创建 DatagramSocket 对象时，需指定一个端口号（9091），用于接收数据。再创建第二个 DatagramPacket 对象，同样使用 DatagramSocket 类的 receive（）方法接收数据，将数据填充到第二个 DatagramPacket 对象中。

（4）在步骤（2）中，使用 DatagramSocket 对象的 send（）方法可以发送数据，也创建第二个 DatagramPacket 对象，并指定目标 IP 地址（127.0.0.1）和端口号（9091），把第二个

DatagramPacket 对象作为 send()方法的参数。

【代码】

（1）发送端程序。

```java
package twelve;
import java.io.BufferedReader;
import java.io.IOException;
import java.io.InputStreamReader;
import java.net.DatagramPacket;
import java.net.DatagramSocket;
import java.net.InetAddress;
import java.util.Scanner;
class SenderDemo implements Runnable {
    public void run() {
        Scanner s=new Scanner(System.in);
        try {
            DatagramSocket ds =new DatagramSocket(9091);
            byte[] buf2 =new byte[1024];
            DatagramPacket receivedp =new DatagramPacket(buf2, buf2.length);
            String line =null;
            DatagramPacket senddp =null;
            while(true) {
                System.out.print("发送端说:");
                String str =s.nextLine();
                if(str.equals("退出聊天")) {
                    line ="对方已经退出聊天室!";
                    byte[] buf =line.getBytes();
                    senddp =new DatagramPacket (buf, buf. length, InetAddress.
getByName("127.0.0.1"), 9090);
                    ds.send(senddp);
                    break;
                }else {
                    byte[] buf =str.getBytes();
                    senddp =new DatagramPacket (buf, buf. length, InetAddress.
getByName("127.0.0.1"), 9090);
                    ds.send(senddp);
                }
                ds.receive(receivedp);
                line =new String(buf2, 0, receivedp.getLength());
                System.out.println("接收端说:"+line);
            }
            ds.close();
        } catch (IOException e) {
            e.printStackTrace();
```

```
        }
    }
    public static void main(String[] args) {
        new Thread(new SenderDemo()).start();
    }
}
```

（2）接收端程序。

```java
package twelve;
import java.io.IOException;
import java.net.DatagramPacket;
import java.net.DatagramSocket;
import java.net.InetAddress;
import java.util.Scanner;
class ReceiverDemo implements Runnable {
    public void run() {
        Scanner scan =new Scanner(System.in);
        try {
            DatagramSocket ds =new DatagramSocket(9090);
            byte[] buf =new byte[1024];
            DatagramPacket receivedp =new DatagramPacket(buf, buf.length);
            DatagramPacket senddp =null;
            String line =null;
            while(true) {
                ds.receive(receivedp);
                line =new String(buf, 0, receivedp.getLength());
                System.out.println("发送端说:"+line);
                System.out.print("接收端说:");
                String str =scan.nextLine();
                if(str.equals("退出聊天")) {
                    str ="对方已经退出聊天室!";
                    byte[] buf2 =str.getBytes();
                    senddp =new DatagramPacket (buf2, buf2. length, InetAddress.
getByName("127.0.0.1"), 9091);
                    ds.send(senddp);
                    break;
                }else {
                    byte[] buf2 =str.getBytes();
                        senddp =new DatagramPacket (buf2, buf2. length, InetAddress.
getByName("127.0.0.1"), 9091);
                        ds.send(senddp);
                }
            }
```

```
            ds.close();
        } catch (IOException e) {
            e.printStackTrace();
        }
    }
    public static void main(String[] args) {
        new Thread(new ReceiverDemo()).start();
    }
}
```

【运行结果】

如图 12-1 和 12-2 所示，分别启动发送端和接收端程序，可以进行聊天。

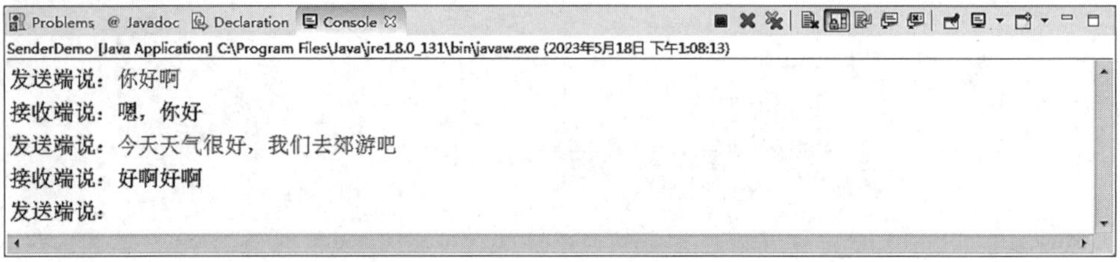

图 12-1　启动发送端程序

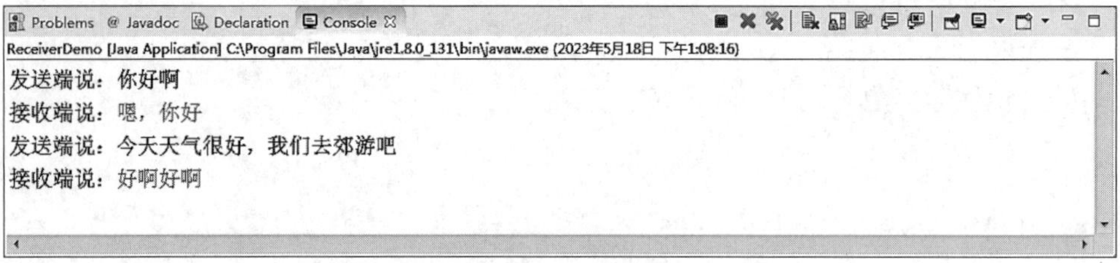

图 12-2　启动接收端程序

12.2　TCP 通信

　　TCP 通信和 UDP 通信一样，都能实现两台计算机之间的通信，通信的两端则都需要创建 Socket 对象。TCP 通信和 UDP 通信的一个主要区别是 UDP 中只有发送端和接收端，不区分客户端和服务器端，计算机之间可以任意地发送数据。而 TCP 通信是严格区分客户端和服务器的，在通信时，必须先由客户端去连接服务器端才能实现通信，服务器端不可以主动连接客户端。

实验 12-2　与服务器通信

【内容】

　　编写一个模拟客户端和服务器交互的程序，客户端向服务器传递一个字符串，服务器接收后显示，并将接收的内容反转后返回给客户端，客户端接收的是反转后的字符串。

【思路】

　　(1) 创建一个服务器端程序，使用 ServerSocket 创建对象，并指定端口号。该对象相当于开启一个服务,等待客户端的连接。

(2) 创建一个客户端程序,使用 Socket 创建对象,并指定 IP 地址和端口号,Socket 对象向服务器端发出连接请求,服务器端响应请求,两者建立连接后可以进行通信。

(3) 运行程序时,必须先运行服务器端程序。否则连接会被拒绝。

【代码】

(1) 服务器端代码。

```
package twelve;
import java.io.BufferedReader;
import java.io.IOException;
import java.io.InputStreamReader;
import java.io.PrintWriter;
import java.net.ServerSocket;
import java.net.Socket;
public class ServerDemo {
    public static void main(String[] args) throws IOException {
        System.out.println("服务启动,等待客户端连接");
        try {
            ServerSocket serverSocket =new ServerSocket(9090);
            Socket clientSocket =serverSocket.accept();
            PrintWriter out =new PrintWriter(clientSocket.getOutputStream(), true);
            BufferedReader in =new BufferedReader(new InputStreamReader(client-
Socket.getInputStream()));
            System.out.println("客户端已连接");
            String inputLine;
            while ((inputLine =in.readLine()) !=null) {
                System.out.println("客户端发来的消息:" +inputLine);
                out.println((new StringBuffer(inputLine)).reverse());
            }
        } catch (IOException e) {
            System.out.println(e.getMessage());
        }
        System.out.println("服务器端退出");
    }
}
```

(2) 客户端代码。

```
package twelve;
import java.io.BufferedReader;
import java.io.IOException;
import java.io.InputStreamReader;
import java.io.PrintWriter;
import java.net.Socket;
import java.net.UnknownHostException;
```

```java
public class ClientDemo {
    public static void main ( String [ ] args) throws UnknownHostException,
IOException {
        try {
            Socket socket =new Socket("127.0.0.1", 9090);
            PrintWriter out =new PrintWriter(socket.getOutputStream(), true);
            BufferedReader in =new BufferedReader(new InputStreamReader(socket.
getInputStream()));
            BufferedReader stdIn =new BufferedReader(new InputStreamReader(System.in));
            System.out.println("已连接,请输入内容");
            String userInput;
            while (!(userInput =stdIn.readLine()).equals("exit")){
                out.println(userInput);
                System.out.println("服务器反转后显示内容: " +in.readLine());
            }
        } catch (IOException e) {
            System.out.println(e.getMessage());
        }
        System.out.println("客户端退出");
    }
}
```

【运行结果】

如图 12-3 和图 12-4 所示,分别运行服务器端程序和客户端程序进行通信。在客户端输入内容后,传递给服务器,服务器对内容反转后,再传给客户端。

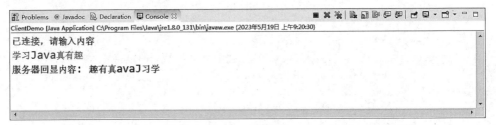

图 12-3　客户端

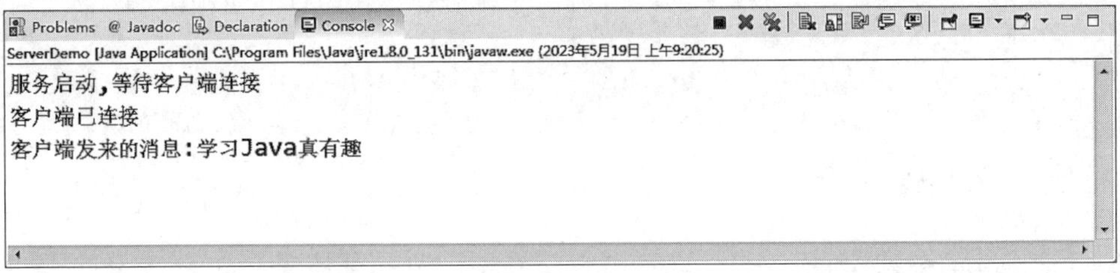

图 12-4　服务器端

自测题

编写一个程序模拟客户端向服务器端上传文件,使用 TCP 进行通信。

综合案例——基于 Java Swing 的图书借阅系统

实验目的：

◆ 掌握图形界面的设计。

◆ 掌握数据库的设计。

◆ 掌握 Java 语言模块化设计开发。

通过前面章节的练习，读者已经掌握了很多 Java 的相关知识。学习编程语言的目的是将其应用到项目开发中解决实际问题，在不断的应用中增强开发技能，锻炼编程能力。下面以开发一个图书借阅系统为例，加深读者对 Java 基础知识的理解，让读者了解实际项目的开发流程。

13.1 项目概述

随着信息技术的不断发展，信息管理系统已经进入社会的各领域，人们对于信息技术的掌握越来越迅速。在图书管理过程中引入图书借阅系统，图书管理可以节省人力、物力和时间等，不仅方便了工作人员的管理，而且方便读者查找和借阅图书。

该图书借阅系统包括普通用户和管理员两种角色。普通用户有登录和注册功能、个人信息维护功能、查找图书功能、借书和还书功能。管理员有用户管理和图书管理等功能。

13.1.1 功能结构

图书借阅系统可以分为用户界面和管理员界面两部分，下面通过系统功能结构图描述用户界面和管理员界面的功能结构，如图 13-1 和图 13-2 所示。

13.1.2 项目预览

图书借阅系统由多个界面组成，其中包括登录界面、注册界面、各功能的主界面及子界面。下面列出几个主要界面。

登录界面如图 13-3 所示。当用户输入正确的账号和密码并选择不同的权限后，单击

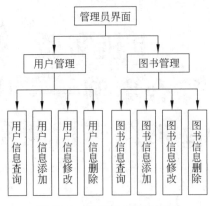

图 13-1　管理员功能结构图

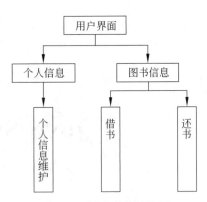

图 13-2　用户功能结构图

"登录"按钮,即可进入系统的主界面。

　　单击"注册"按钮,注册界面如图 13-4 所示。用户输入合法的账号、姓名、密码,并确认密码和电话后,系统会检查是否有相同的账号,若没有会提示注册成功。

图 13-3　登录界面

图 13-4　注册界面

　　管理员界面如图 13-5 所示。当用户登录时选择"权限"下拉框中的"管理员"选项时,系统会出现管理员界面,此界面可以对用户信息和图书信息进行维护。

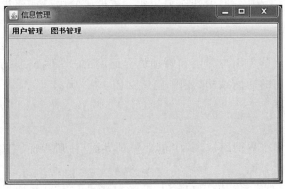

图 13-5　管理员界面

用户界面如图 13-6 所示。当用户登录时选择"权限"下拉框中的"用户"选项时,系统会出现用户界面,此界面可以对用户个人信息进行维护,用户拥有借书和还书的功能。

图 13-6　用户界面

13.2　数据库设计

开发应用程序对数据库的操作是必不可少的,数据库设计是根据程序的要求和功能设计数据的存储方式。数据库设计的合理性将直接影响程序的开发过程,本节讲解图书借阅系统数据库设计的过程。

13.2.1　E-R 图设计

在设计数据库之前,首先需要确定图书借阅系统中有哪些实体对象,根据实体对象间的关系设计数据库。按照图书借阅系统的需求,本项目的实体对象 E-R 图如下。

(1) 用户实体的 E-R 图,如图 13-7 所示。

(2) 图书实体的 E-R 图,如图 13-8 所示。

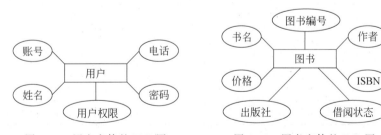

图 13-7　用户实体的 E-R 图　　　　图 13-8　图书实体的 E-R 图

(3) 图书借阅情况实体的 E-R 图,如图 13-9 所示。

图 13-9　图书借阅情况实体的 E-R 图

13.2.2 数据表结构

本系统采用的是 SQL Server 2012 数据库,数据库名称为 BookManage,包含的数据表有用户信息表(usertable)、图书信息表(book)和图书借阅详情表(borrowbook)三张,数据表设计是一个非常重要的环节,下面对系统中的数据表结构进行分析。

1. 用户信息表

用户信息表包括账号、姓名、密码、电话和用户权限 5 个字段,数据表结构如表 13-1所示。

表 13-1 用户表

字 段 名	类 型	是 否 为 空	说 明
id	nchar(11)	否	账号,主键
name	varchar(20)	否	姓名
password	varchar(20)	否	密码
telephone	char(11)	否	电话
role	varchar(10)	否	用户权限,分为管理员和用户

2. 图书信息表

图书信息表包括图书编号、书名、作者、出版社、ISBN、价格和借阅状态 7 个字段,数据表结构如表 13-2 所示。

表 13-2 图书信息表

字 段 名	类 型	是 否 为 空	说 明
id	int	否	图书编号,主键
bookname	varchar(30)	否	书名
author	nchar(1)	否	作者
publisher	date	否	出版社
ISBN	char(11)	否	ISBN
price	varchar(20)	否	价格
flag	int	否	借阅状态(0 表示未借出,1 表示借出)

3. 图书借阅详情表

图书借阅详情表包括用户账号、图书编号、借阅时间和归还时间 4 个字段,数据表结构如表 13-3 所示。

表 13-3 图书借阅详情表

字 段 名	类 型	是 否 为 空	说 明
userid	nchar(11)	否	用户账号,主键

字　段　名	类　型	是 否 为 空	说　明
bookid	int	否	图书编号,主键
starttime	varchar(30)	否	借阅时间
endtime	varchar(30)		归还时间

13.3　功能模块设计

本节对系统的主要功能模块进行讲解,包含登录模块、注册模块、用户个人信息模块、用户借书模块、用户还书模块、管理用户模块、管理图书模块等。

对实现不同功能的类需要放在不同的包中,本系统创建 3 个包,分别是 dao、bean 和 view,dao 包存放操作数据库的类,bean 包存放实体类,view 包存放窗体和面板类。

13.3.1　实体类

13.2 节讲解了项目实体对象的划分和数据表的设计,针对每一个实体对象都要设计一个类。下面分别介绍实体类的设计。

1. 用户实体类

在 bean 包下新建 User 类,用于描述用户实体。在 User 类中声明属性 id、name、password、telephone 和 role,编写属性对应的 setter()和 getter()方法,其实现代码如下。

```
package bookmanage.bean;
public class User {
    private String id;
    private String name;
    private String password;
    private String telephone;
    private String role;
    public String getId() {
        return id;
    }
    public void setId(String id) {
        this.id = id;
    }
    public String getName() {
        return name;
    }
    public void setName(String name) {
        this.name = name;
    }
    public String getPassword() {
```

```
        return password;
    }
    public void setPassword(String password) {
        this.password =password;
    }
    public String getTelephone() {
        return telephone;
    }
    public void setTelephone(String telephone) {
        this.telephone =telephone;
    }
    public String getRole() {
        return role;
    }
    public void setRole(String role) {
        this.role =role;
    }
}
```

2. 图书实体类

在 bean 包下新建 Book 类,用于描述图书实体。在 Book 类中声明属性 id、bookname、author、publisher、ISBN、price 和 flag,编写属性对应的 setter()和 getter()方法,其实现代码如下。

```
package bookmanage.bean;
public class Book {
    private int id;
    private String bookname;
    private String author;
    private String publisher;
    private String ISBN;
    private double price;
    private int flag;
    public int getId() {
        return id;
    }
    public void setId(int id) {
        this.id =id;
    }
    public String getBookname() {
        return bookname;
    }
    public void setBookname(String bookname) {
        this.bookname =bookname;
```

```
        }
        public String getAuthor() {
            return author;
        }
        public void setAuthor(String author) {
            this.author =author;
        }
        public String getPublisher() {
            return publisher;
        }
        public void setPublisher(String publisher) {
            this.publisher =publisher;
        }
        public String getISBN() {
            return ISBN;
        }
        public void setISBN(String iSBN) {
            ISBN =iSBN;
        }
        public double getPrice() {
            return price;
        }
        public void setPrice(double price) {
            this.price =price;
        }
        public int getFlag() {
            return flag;
        }
        public void setFlag(int flag) {
            this.flag =flag;
        }
    }
```

3. 图书借阅情况实体类

在 bean 包下新建 BorrowBook 类,用于描述图书借阅情况实体。在 BorrowBook 类中声明属性 userid、bookid、starttime 和 endtime,编写属性对应的 setter()和 getter()方法,其实现代码如下。

```
package bookmanage.bean;
public class BorrowBook {
    private String userid;
    private int bookid;
    private String starttime;
    private String endtime;
```

```
public String getUserid() {
    return userid;
}
public void setUserid(String userid) {
    this.userid = userid;
}
public int getBookid() {
    return bookid;
}
public void setBookid(int bookid) {
    this.bookid = bookid;
}
public String getStarttime() {
    return starttime;
}
public void setStarttime(String starttime) {
    this.starttime = starttime;
}
public String getEndtime() {
    return endtime;
}
public void setEndtime(String endtime) {
    this.endtime = endtime;
}
}
```

13.3.2　公共类之连接数据库

系统的运行离不开数据库,每一个操作都需要和数据库建立连接,进行数据交互。为了增加代码的重用性,可以将连接数据库的代码保存在一个单独的类中,方便随时调用。在 dao 包中创建 DBManager,在此类的方法中加载数据库驱动并获得数据库的连接,其实现代码如下。

```
package bookmanage.dao;
public class DBManager {
    private static String driver;
    private static String url;
    private static String userName;
    private static String userPassword;
    static {
        getInstance();
    }
    private static void getInstance() {
        userName = "sa";
```

```
        userPassword = "123456";
        driver = "com.microsoft.sqlserver.jdbc.SQLServerDriver";
        url = "jdbc:sqlserver://localhost:1433;DatabaseName=BookManage";
        try {
            Class.forName(driver);
        } catch (ClassNotFoundException e) {
            e.printStackTrace();
        }
    }
    public synchronized static Connection getConnection() {
        Connection conn = null;
        try {
            conn = DriverManager.getConnection(url, userName, userPassword);
        } catch (SQLException e) {
            e.printStackTrace();
        }
        return conn;
    }
}
```

13.3.3 操作数据库接口设计

用户管理和图书管理都需要对数据库进行增、删、改、查操作,把这些方法放到接口中,设计对应的类实现这个接口,其实现代码如下。

```
package bookmanage.dao;
public interface DBAdmin {
    public boolean updateInfo(Object o);
    public boolean deleteInfo(String id);
    public boolean find(String id);
    public boolean addInfo(Object o);
}
```

13.3.4 注册界面

通过用户注册可以获得用户信息,并将合法的用户信息保存到指定的数据表中。用户只有注册成功并登录才可以借阅图书。下面对用户注册模块进行讲解。

(1) 运行程序,首先进入系统登录界面,如图 13-3 所示。单击"注册"按钮,弹出用户注册窗体,如图 13-10 所示。注册窗体类 RegisterFrame 在 view 包中,注册窗体由 3 个文本框、两个密码框和一个按钮组成,采用了绝对布局的方式对各个组件进行设置,其实现代码如下。

图 13-10　用户注册窗体

```java
public class RegisterFrame extends JFrame {
    private JTextField IdField;
    private JTextField NameField;
    private JPasswordField PsField;
    private JPasswordField PsAgainField;
    private JTextField TelephoneField;
    public RegisterFrame() {
        this.setTitle("用户注册");
        this.setLayout(null);
        this.setLocationRelativeTo(null);
        this.setSize(300, 250);
        this.setDefaultCloseOperation(JFrame.EXIT_ON_CLOSE);
        this.setVisible(true);
        JLabel idlabel = new JLabel("账号:");
        idlabel.setBounds(30, 20, 54, 24);
        idlabel.setFont(new Font("幼圆", Font.BOLD, 12));
        this.add(idlabel);
        IdField = new JTextField();
        IdField.setBounds(100,20,150,24);
        this.add(IdField);
        JLabel namelabel = new JLabel("姓名:");
        namelabel.setBounds(30, 50, 54, 24);
        namelabel.setFont(new Font("幼圆", Font.BOLD, 12));
        this.add(namelabel);
        NameField = new JTextField();
        NameField.setBounds(100,50,150,24);
        this.add(NameField);
        JLabel pslabel = new JLabel("密码:");
        pslabel.setBounds(30, 80, 54, 24);
        pslabel.setFont(new Font("幼圆", Font.BOLD, 12));
        this.add(pslabel);
```

```
        PsField =new JPasswordField();
        PsField.setBounds(100,80,150,24);
        this.add(PsField);
        JLabel psagainlabel =new JLabel("确认:");
        psagainlabel.setBounds(30, 110, 54, 24);
        psagainlabel.setFont(new Font("幼圆", Font.BOLD, 12));
        this.add(psagainlabel);
        PsAgainField =new JPasswordField();
        PsAgainField.setBounds(100,110,150,24);
        this.add(PsAgainField);
        JLabel telephonelabel =new JLabel("电话:");
        telephonelabel.setBounds(30, 140, 54, 24);
        telephonelabel.setFont(new Font("幼圆", Font.BOLD, 12));
        this.add(telephonelabel);
        TelephoneField =new JTextField();
        TelephoneField.setBounds(100,140,150,24);
        this.add(TelephoneField);
        JButton button =new JButton("注册");
        button.setBounds(100, 170, 60, 24);
        this.add(button);
    }
}
```

（2）填写完注册信息之后，单击"注册"按钮完成注册。在单击"注册"按钮之后，会对注册信息的完整性和正确性进行判断。"注册"按钮监听事件实现代码如下。

```
button.addActionListener(new ActionListener() {
    public void actionPerformed(ActionEvent e) {
        if(isFormNull()){
            return ;
        }
        UserDao ud=new UserDao();
        String id=IdField.getText().trim();
        boolean flag=ud.find(id);
        if(flag) {
            JOptionPane.showMessageDialog(null, "账号已经存在!");
            return;
        }
        String name=NameField.getText().trim();
        String ps=PsField.getText().trim();
        String telephone=TelephoneField.getText().trim();
        User u=new User();
        u.setId(id);
        u.setName(name);
```

```
                u.setPassword(ps);
                u.setTelephone(telephone);
                flag=ud.addInfo(u);
                if (flag) {
                    JOptionPane.showMessageDialog(null, "恭喜您,注册成功!");
                    } else {
                    JOptionPane.showMessageDialog(null, "对不起,注册失败!");
                    IdField.setText("");
                    NameField.setText("");
                    PsField.setText("");
                    PsAgainField.setText("");
                    TelephoneField.setText("");
                }
            }
        });
```

(3) 其中 isFormNull() 方法用于判断文本框和密码框是否为空,以及两次输入的密码是否一致,其实现代码如下。

```
private boolean isFormNull() {
        String id=IdField.getText().trim();
        if(id.length()==0){
            JOptionPane.showMessageDialog(this, "账号不能为空");
            return true;
        }
        String name=new String(NameField.getText().trim());
        if(name.length()==0){
            JOptionPane.showMessageDialog(this, "姓名不能为空");
            return true;
        }
        String ps=new String(PsField.getText().trim());
        if(ps.length()==0){
            JOptionPane.showMessageDialog(this, "密码不能为空");
            return true;
        }
        String psagain=new String(PsAgainField.getText().trim());
        if(psagain.length()==0){
            JOptionPane.showMessageDialog(this, "密码确认不能为空");
            return true;
        }
        String telephone=new String(TelephoneField.getText().trim());
        if(telephone.length()==0){
            JOptionPane.showMessageDialog(this, "电话不能为空");
            return true;
```

```
        }
        if(!ps.equals(psagain)) {
            JOptionPane.showMessageDialog(this, "两次密码不一致");
            return true;
        }
        return false;
    }
```

（4）注册过程要判断此账号是否存在，不存在的话才可以用此账号注册，在 dao 包下创建 UserDao 类，在此类中定义 find（）方法来判断账号是否存在，以及定义 addInfo（）方法来判断是否成功插入新的账号。其具体代码如下。

```java
public class UserDao implements DBAdmin {
    @Override
    public boolean find(String id) {
        boolean flag=false;
        Connection conn =null;
        Statement stm=null;
        ResultSet rs =null;
        String sql ="select * from usertable where id='"+id+"'";
        try {
            conn =DBManager.getConnection();
            stm=conn.createStatement();
            rs =stm.executeQuery(sql);
            while (rs.next()) {
                flag=true;
            }
            return flag;
        } catch (SQLException e) {
            e.printStackTrace();
            return false;
        } finally{
            try {
                conn.close();
                stm.close();
                rs.close();
            } catch (SQLException e) {
                e.printStackTrace();
            }
        }
    }
    @Override
    public boolean addInfo(Object o) {
        User u=(User)o;
```

```
                String id=u.getId();
                String name=u.getName();
                String ps=u.getPassword();
                String telephone=u.getTelephone();
                String role="用户";
                Connection conn =null;
                PreparedStatement stm =null;
                String sql ="insert into usertable(id,name,password,telephone,role)"
                    +" values(?,?,?,?,?)";
                try {
                    conn =DBManager.getConnection();
                    stm =conn.prepareStatement(sql);
                    stm.setString(1, id);
                    stm.setString(2, name);
                    stm.setString(3, ps);
                    stm.setString(4, telephone);
                    stm.setString(5, role);
                    stm.execute();
                    return true;
                } catch (SQLException e) {
                    e.printStackTrace();
                    return false;
                } finally {
                    try {
                        stm.close();
                        conn.close();
                    } catch (SQLException e) {
                        e.printStackTrace();
                    }
                }
            }
        }
```

13.3.5　登录界面

用户注册成功后,可以通过登录窗口进行登录,如图 13-3 所示。

(1) 登录窗体类 LoginFrame 在 view 包下,登录窗体由一个文本框、一个密码框、一个下拉框和两个按钮组成。为了设计美观,在上部设置了一个标签组件,里面包含一幅图片。登录窗体采用了绝对布局的方式对各个组件进行设置,其实现代码如下。

```
public class LoginFrame extends JFrame implements ActionListener {
    private JLabel imageLabel;
    private JLabel titleLabel;
    private JTextField tId;
```

```java
    private JPasswordField tPsw;
    private JLabel lId;
    private JLabel lPsw;
    private JButton bOk;
    private JButton bRegist;
    private JLabel lFlag;
    private JComboBox cFlag;
    public LoginFrame() {
        this.setTitle("登录");
        Toolkit toolkit = Toolkit.getDefaultToolkit();
        Image icon = toolkit.getImage("images/book.png");
        this.setIconImage(icon);
        this.setLayout(null);
        imageLabel = new JLabel(new ImageIcon("images/book.png"));
        titleLabel = new JLabel();
        tId = new JTextField();
        tPsw = new JPasswordField();
        lId = new JLabel();
        lPsw = new JLabel();
        bOk = new JButton("登录");
        bRegist = new JButton("注册");
        imageLabel.setBounds(30, 14, 100, 100);
        this.add(imageLabel);
        titleLabel.setText("图书借阅系统");
        titleLabel.setFont(new Font("幼圆", Font.BOLD, 22));
        titleLabel.setBounds(130, 14, 150, 100);
        this.add(titleLabel);
        this.setDefaultCloseOperation(JFrame.EXIT_ON_CLOSE);
        this.setSize(360, 360);
        this.setLocationRelativeTo(null);
        this.setVisible(true);
        lId.setText("账号:");
        lId.setBounds(30, 130, 54, 24);
        this.add(lId);
        tId.setBounds(90, 130, 150, 24);
        tId.setToolTipText("输入登录系统的用户名");
        this.add(tId);
        lPsw.setText("密码:");
        lPsw.setBounds(30, 170, 54, 24);
        this.add(lPsw);
        tPsw.setBounds(90, 170, 150, 24);
        tPsw.setToolTipText("输入登录系统的用户名对应的密码");
        this.add(tPsw);
        lFlag = new JLabel();
```

```
        lFlag.setText("权限:");
        lFlag.setBounds(30, 210, 54, 24);
        this.add(lFlag);
        cFlag = new JComboBox();
        cFlag.addItem("");
        cFlag.addItem("用户");
        cFlag.addItem("管理员");
        cFlag.setBounds(90, 210, 150, 24);
        this.add(cFlag);
        bOk.setBounds(90, 260, 60, 24);
        this.add(bOk);
        bRegist.setBounds(180, 260, 60, 24);
        this.add(bRegist);
        bOk.addActionListener(this);
        bRegist.addActionListener(this);
    }
}
```

（2）填写完用户账号、密码和权限后，单击"登录"按钮进行登录。在单击"登录"按钮之后，会对用户信息的正确性进行判断。"登录"按钮监听事件实现代码如下。

```
public void actionPerformed(ActionEvent e) {
    if (e.getSource() == bOk) {
        if (isFormNull()) {
            return;
        }
        String id = tId.getText().trim();
        String password = new String(tPsw.getPassword());
        String flag = cFlag.getSelectedItem().toString();
        Connection con = null;
        Statement s = null;
        ResultSet r = null;
        try {
            con = DBManager.getConnection();
            s = con.createStatement();
            if (flag.equals("管理员")) {
                r = s.executeQuery("select * from usertable where id='" + id +
"' and password='" + password
                        + "' and role='" + flag + "'");
                if (r.next()) {
                    new AdminFrame().setVisible(true);
                    this.dispose();
                } else {
```

```
                            JOptionPane.showMessageDialog(this, "用户名和密码不存在,
请重新输入!");
                            tId.setText("");
                            tPsw.setText("");
                            cFlag.setSelectedIndex(0);
                        }
                    } else {
                        r = s.executeQuery("select * from usertable where id='" + id +
"' and password='" +password
                                +"' and role='" +flag +"'");
                        if (r.next()) {
                            new UserMainFrame(id).setVisible(true);
                            this.dispose();
                        } else {
                            JOptionPane.showMessageDialog(this, "用户名和密码不存在,
请重新输入!");
                            tId.setText("");
                            tPsw.setText("");
                            cFlag.setSelectedIndex(0);
                        }
                    }
                } catch (SQLException e1) {
                    e1.printStackTrace();
                } finally {
                    try {
                        con.close();
                        s.close();
                        r.close();
                    } catch (SQLException e1) {
                        e1.printStackTrace();
                    }
                }
            } else {
                new RegisterFrame();
                this.dispose();
            }
        }
    }
```

13.3.6 管理员界面

如果登录时选择"权限"下拉框中的"管理员"选项时,则进入管理员界面,如图 13-11 所示。管理员窗体类 AdminFrame 在 view 包中创建。

(1) 此窗体首先创建一个菜单栏对象,通过 setJMenuBar()方法将菜单栏放置在窗体的顶部。添加完成后可以调用菜单栏的 add(JMenu c)方法为其添加菜单(JMenu),本系统

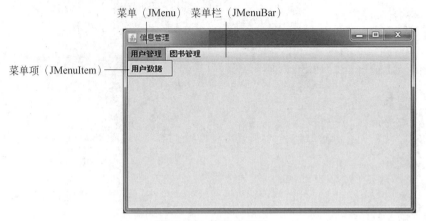

图 13-11   管理员界面

添加了两个菜单,分别是"用户管理"和"图书管理",然后通过菜单的 add(JMenuItem item)
方法为每个菜单添加菜单项(JMenuItem),为"用户管理"添加了"用户数据"菜单项,为"图
书管理"添加了"图书数据"菜单项。其实现代码如下。

```java
public class AdminFrame extends JFrame{
    private JPanel contentPane;
    public AdminFrame() {
        setTitle("信息管理");
        setDefaultCloseOperation(JFrame.EXIT_ON_CLOSE);
        this.setSize(800, 600);
        this.setLocationRelativeTo(null);
        JMenuBar menuBar =new JMenuBar();
        setJMenuBar(menuBar);
        JMenu menu =new JMenu("用户管理");
        menuBar.add(menu);
        JMenuItem menuItem =new JMenuItem("用户数据");
        menuItem.addActionListener(new ActionListener() {
            public void actionPerformed(ActionEvent e) {
                showSpecifiedPanel(contentPane,new UserManagePanel());
            }
        });
        menu.add(menuItem);
        JMenu menu_1 =new JMenu("图书管理");
        menuBar.add(menu_1);
        JMenuItem menuItem_1 =new JMenuItem("图书数据");
        menuItem_1.addActionListener(new ActionListener() {
            public void actionPerformed(ActionEvent e) {
                showSpecifiedPanel(contentPane,new BookManagePanel());
            }
        });
```

```
        menu_1.add(menuItem_1);
        contentPane =new JPanel();
        contentPane.setBorder(new EmptyBorder(5, 5, 5, 5));
        contentPane.setLayout(new BorderLayout(0, 0));
        setContentPane(contentPane);
    }
    private void showSpecifiedPanel(JPanel contentPanel, JPanel showPanel) {
        contentPanel.removeAll();
        contentPanel.add(showPanel);
        contentPanel.validate();
        contentPanel.repaint();
    }
}
```

（2）在创建窗体时，需要向窗体中添加面板，之后在面板中添加各种组件。为了系统设计界面简洁，对用户和图书的数据管理都在主窗体内完成，因此选择不同的菜单项时需要在主窗体内显示不同的面板。在 AdminFrame 类中定义方法来完成此功能，其实现代码如下。

```
private void showSpecifiedPanel(JPanel contentPanel, JPanel showPanel) {
        contentPanel.removeAll();
        contentPanel.add(showPanel);
        contentPanel.validate();
        contentPanel.repaint();
    }
```

（3）分别为两个菜单项添加监听事件，单击不同的菜单项时，显示不同的面板，其实现代码如下。

```
menuItem.addActionListener(new ActionListener() {
    public void actionPerformed(ActionEvent e) {
        showSpecifiedPanel(contentPane,new UserManagePanel());
    }
});
menuItem_1.addActionListener(new ActionListener() {
    public void actionPerformed(ActionEvent e) {
        showSpecifiedPanel(contentPane,new BookManagePanel());
    }
});
```

13.3.7　用户数据面板

选择"用户管理"菜单下的"用户数据"，主窗体加载用户数据面板。此界面可以查找所有普通用户的信息，并可以修改和删除，如图 13-12 所示。

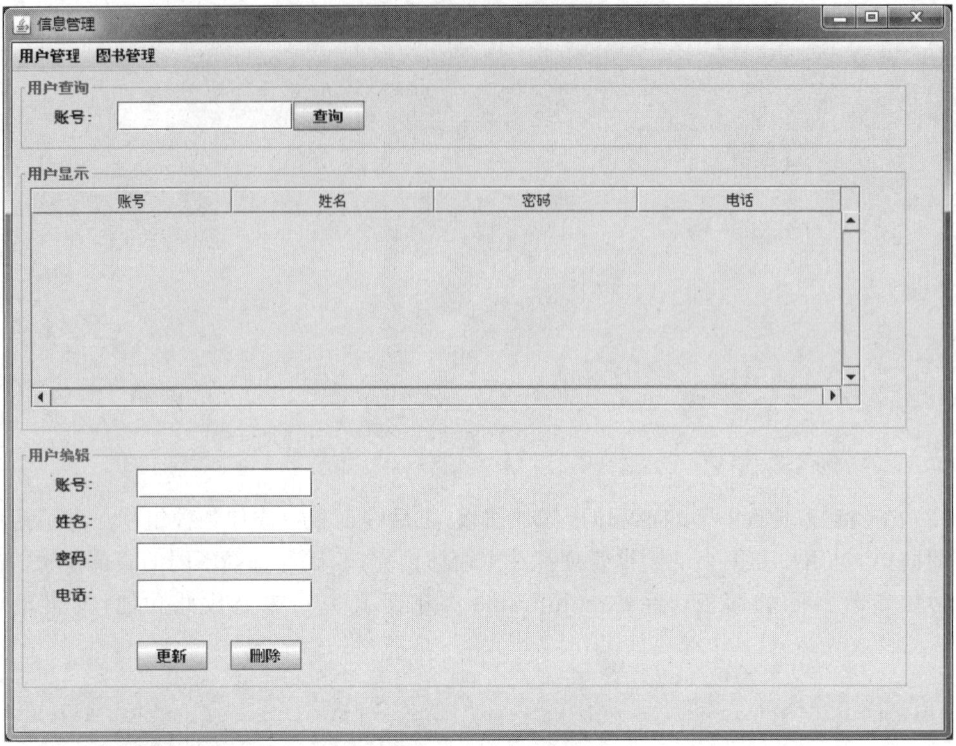

图 13-12　用户数据面板

（1）用户数据面板类 UserManagePanel 在 view 包中创建，此面板由三个面板构成，上部面板用于查询用户，包含一个标签、一个文本框和一个按钮。中部面板用于显示用户，包含一个表格（JTable），JTable 是一个表格控件，用于显示查询到的数据。下部面板用于编辑用户，包括四个标签、四个文本框和两个按钮。其实现代码如下。

```java
public class UserManagePanel extends JPanel {
    private JTextField textField;
    private JTable table;
    private JTextField IdField;
    private JTextField NameField;
    private JTextField PasswordField;
    private JTextField TelephoneField;
    private JTextField RoleField;
    public UserManagePanel() {
        this.setLayout(null);
        JPanel panel1=new JPanel();
        panel1.setBorder(new TitledBorder(null,"用户查询",TitledBorder.LEADING,
TitledBorder.TOP,null,Color.red));
        panel1.setLayout(null);
        JLabel label =new JLabel("账号:");
        label.setBounds(30, 20, 54, 24);
```

```java
        label.setFont(new Font("幼圆", Font.BOLD, 12));
        panel1.add(label);
        textField = new JTextField();
        textField.setBounds(84,20,150,24);
        textField.setColumns(20);
        panel1.add(textField);
        JButton selectButton = new JButton("查询");
        selectButton.setBounds(234, 20, 60, 24);
        panel1.add(selectButton);
        panel1.setBounds(0,0, 750, 60);
        this.add(panel1);
        JPanel panel2=new JPanel();
        panel2.setLayout(null);
        JScrollPane scrollPane = new JScrollPane();
    scrollPane.setHorizontalScrollBarPolicy(JScrollPane.HORIZONTAL_SCROLLBAR_ALWAYS);
    scrollPane.setVerticalScrollBarPolicy(JScrollPane.VERTICAL_SCROLLBAR_ALWAYS);
        panel2.setBorder(new TitledBorder(null,"用户显示",TitledBorder.LEADING,
TitledBorder.TOP,null,Color.red));
        table = new JTable();
        table.setModel(new DefaultTableModel(
            new Object[][] {
            },
            new String[] {
                "账号", "姓名", "密码", "电话"
            }
        ));
        scrollPane.setViewportView(table);
        scrollPane.setBounds(10, 20, 700, 180);
        panel2.add(scrollPane);
        panel2.setBounds(0,70, 750, 220);
        this.add(panel2);
        JPanel panel3=new JPanel();
        panel3.setBorder(new TitledBorder(null,"用户编辑",TitledBorder.LEADING,
TitledBorder.TOP,null,Color.red));
        panel3.setLayout(null);
        JLabel idlabel = new JLabel("账号:");
        idlabel.setBounds(30, 20, 54, 24);
        idlabel.setFont(new Font("幼圆", Font.BOLD, 12));
        panel3.add(idlabel);
        IdField = new JTextField();
        IdField.setBounds(100,20,150,24);
        panel3.add(IdField);
        JLabel namelabel = new JLabel("姓名:");
        namelabel.setBounds(30, 50, 54, 24);
```

```
        namelabel.setFont(new Font("幼圆", Font.BOLD, 12));
        panel3.add(namelabel);
        NameField =new JTextField();
        NameField.setBounds(100,50,150,24);
        panel3.add(NameField);
        JLabel pslabel =new JLabel("密码:");
        pslabel.setBounds(30, 80, 54, 24);
        pslabel.setFont(new Font("幼圆", Font.BOLD, 12));
        panel3.add(pslabel);
        PasswordField =new JTextField();
        PasswordField.setBounds(100,80,150,24);
        panel3.add(PasswordField);
        JLabel telephonelabel =new JLabel("电话:");
        telephonelabel.setBounds(30, 110, 54, 24);
        telephonelabel.setFont(new Font("幼圆", Font.BOLD, 12));
        panel3.add(telephonelabel);
        TelephoneField =new JTextField();
        TelephoneField.setBounds(100,110,150,24);
        panel3.add(TelephoneField);
        JButton button1 =new JButton("更新");
        button1.setBounds(100, 160, 60, 24);
        panel3.add(button1);
        JButton button2 =new JButton("删除");
        button2.setBounds(180, 160, 60, 24);
        panel3.add(button2);
        panel3.setBounds(0, 300, 750, 200);
        this.add(panel3);
    }
}
```

（2）在"查询"按钮前方的文本框中输入正确的账号后，单击"查询"按钮会在表格中显示对应用户的信息，如果没有输入账号单击"查询"按钮，会显示所有用户的信息。为"查询"按钮添加监听事件，其实现代码如下。

```
selectButton.addActionListener(new ActionListener() {
    public void actionPerformed(ActionEvent e) {
        String id=textField.getText().trim();
        DefaultTableModel dtm=(DefaultTableModel)table.getModel();
        dtm.setRowCount(0);
        Connection conn =null;
        Statement stm=null;
        ResultSet rs =null;
        String sql;
        if(!id.equals("")){
```

```
            sql ="select * from usertable where id='"+id+"' and role='用户'";
        }else {
            sql ="select * from usertable where role='用户'";
        }
        try{
            conn =DBManager.getConnection();
            stm=conn.createStatement();
            rs =stm.executeQuery(sql);
            while (rs.next()) {
                Vector list=new Vector();
                list.add(rs.getString(1));
                list.add(rs.getString(2));
                list.add(rs.getString(3));
                list.add(rs.getString(4));
                dtm.addRow(list);
            }
        }catch(Exception e1){
            e1.printStackTrace();
        }finally{
            try {
                conn.close();
                stm.close();
                rs.close();
            } catch (Exception e1) {
                e1.printStackTrace();
            }
        }
    }
});
```

（3）查询到的数据会在中部面板的表格中显示，单击某一条数据，下部面板中会加载此条数据，如图 13-13 所示。对 JTable 添加监听事件，其实现代码如下。

```
table.addMouseListener(new MouseAdapter() {
    @Override
    public void mousePressed(MouseEvent e) {
        int row=table.getSelectedRow();
        IdField.setText(((String)table.getValueAt(row, 0)).trim());
        NameField.setText(((String)table.getValueAt(row, 1)).trim());
        PasswordField.setText(((String)table.getValueAt(row, 2)).trim());
        TelephoneField.setText(((String)table.getValueAt(row, 3)).trim());
    }
});
```

（4）可以对显示的这条数据进行更新、删除操作。对"更新""删除"两个按钮添加监听

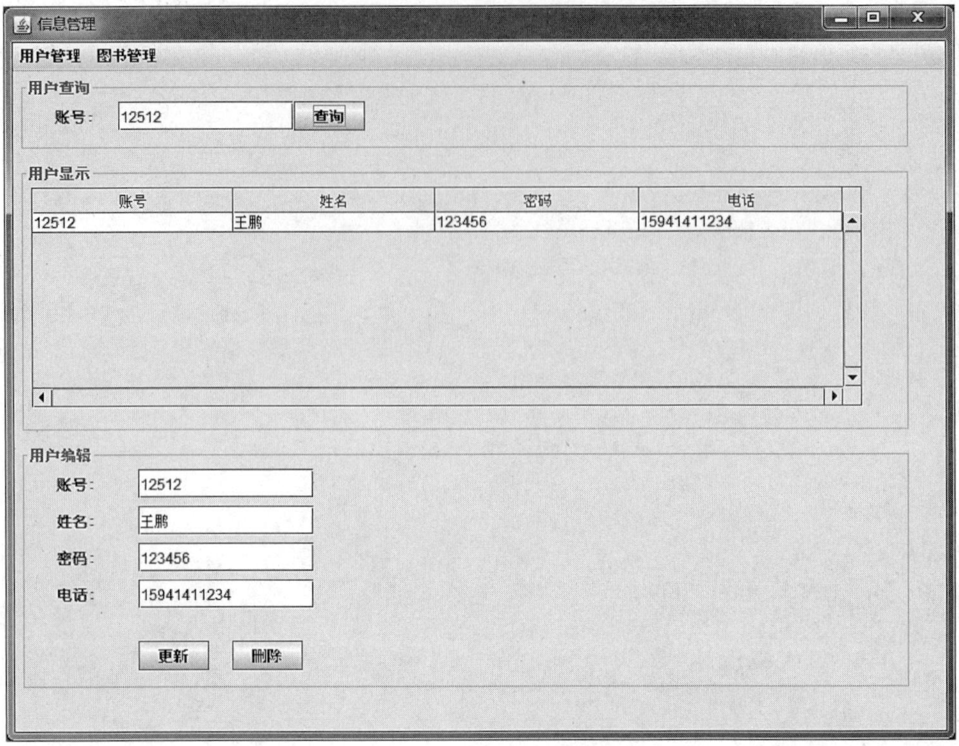

图 13-13　查询数据界面

事件,其实现代码如下。

```
button1.addActionListener(new ActionListener() {
    public void actionPerformed(ActionEvent e) {
        String id=IdField.getText();
        String name=NameField.getText();
        String password=PasswordField.getText();
        String telephone=TelephoneField.getText();
        User u=new User();
        u.setId(id);
        u.setName(name);
        u.setPassword(password);
        u.setTelephone(telephone);
        boolean flag=new UserDao().updateInfo(u);
        if(flag) {
            JOptionPane.showMessageDialog(null, "恭喜您,更新成功!");
            IdField.setText("");
            NameField.setText("");
            PasswordField.setText("");
            TelephoneField.setText("");
            DefaultTableModel dtm=(DefaultTableModel)table.getModel();
            dtm.setRowCount(0);
```

```
            } else {
                JOptionPane.showMessageDialog(null, "对不起,更新失败!");
            }
        }
    });
button2.addActionListener(new ActionListener() {
        public void actionPerformed(ActionEvent e) {
            String id=IdField.getText();
            boolean flag=new UserDao().deleteInfo(id);
            if(flag) {
                JOptionPane.showMessageDialog(null, "恭喜您,删除成功!");
                IdField.setText("");
                NameField.setText("");
                PasswordField.setText("");
                TelephoneField.setText("");
                DefaultTableModel dtm=(DefaultTableModel)table.getModel();
                dtm.setRowCount(0);
            } else {
                JOptionPane.showMessageDialog(null, "对不起,删除失败!");
            }
        }
    });
```

（5）在 UserDao 类中重写 updateInfo()方法和 deleteInfo()方法,用于用户数据的更新和删除,其实现代码如下。

```
public boolean updateInfo(Object o) {
    User s = (User) o;
    String id = s.getId();
    String name = s.getName();
    String telephone = s.getTelephone();
    String password = s.getPassword();
    Connection conn = null;
    PreparedStatement stm = null;
    String sql = "update usertable set name=?,password=?,telephone=? where id=? ";
    try {
        conn = DBManager.getConnection();
        stm = conn.prepareStatement(sql);
        stm.setString(1, name);
        stm.setString(2, password);
        stm.setString(3, telephone);
        stm.setString(4, id);
        stm.execute();
        return true;
```

```
        } catch (SQLException e) {
            e.printStackTrace();
            return false;
        } finally {
            try {
                stm.close();
                conn.close();
            } catch (SQLException e) {
                e.printStackTrace();
            }
        }
    }
    public boolean deleteInfo(String id) {
        Connection conn =null;
        Statement stm =null;
        String sql ="delete from usertable where id='"+id+"'";
        try {
            conn =DBManager.getConnection();
            stm =conn.createStatement();
            stm.execute(sql);
            return true;
        } catch (SQLException e) {
            e.printStackTrace();
            return false;
        } finally {
            try {
                stm.close();
                conn.close();
            } catch (SQLException e) {
                e.printStackTrace();
            }
        }
    }
```

13.3.8   图书数据面板

选择"图书管理"菜单下的"图书数据",主窗体加载图书信息面板。此界面可以分类查找所有的图书信息,并可以添加、修改和删除图书信息,如图 13-14 所示。

(1) 图书信息面板类 BookManagePanel 在 view 包中创建,此面板由三个面板构成,上部面板用于查询图书,包含一个标签、一个下拉框、一个文本框和两个按钮。中部面板用于显示图书,包含一个表格(JTable),JTable 是一个表格控件,用于显示查询到的数据。下部面板用于编辑图书,包括六个标签、六个文本框和两个按钮。此面板和用户数据面板十分相似,代码可扫描二维码查看。

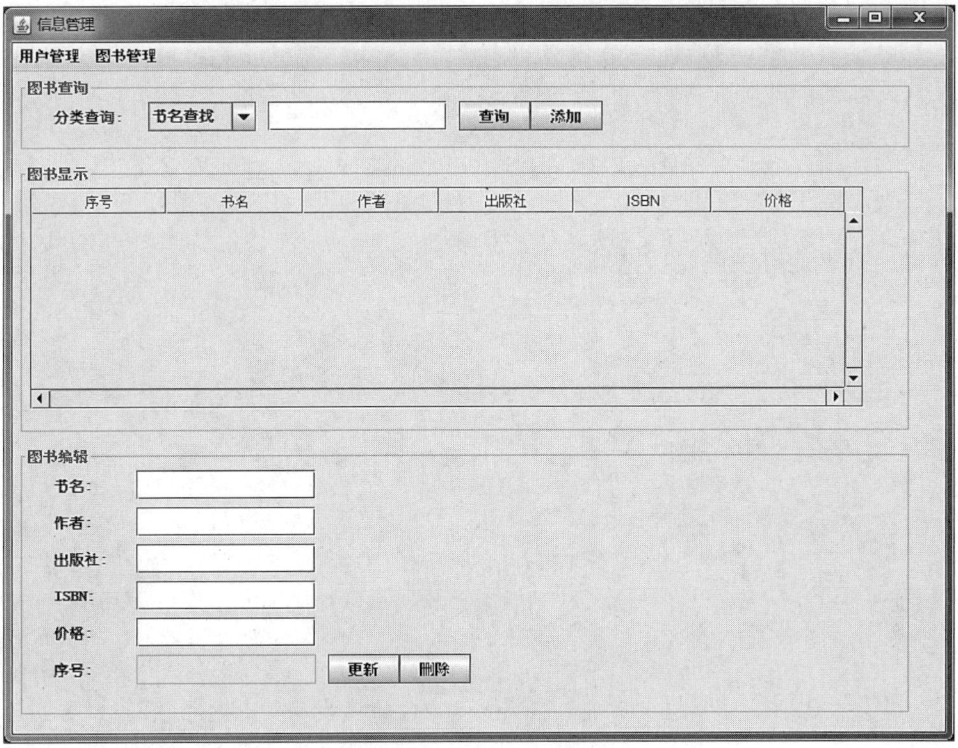

图 13-14　图书信息面板

(2) 在 dao 包中创建 Bookdao 类,在此类中定义 addInfo()方法,用于添加图书数据;定义 updateInfo()方法,用于更新图书数据;定义 deletejudge()方法和 deleteInfo()方法,用于删除图书数据。其具体代码如下。

```
public class BookDao implements DBAdmin{
    @Override
    public boolean updateInfo(Object o) {
        Book b = (Book) o;
        int id=b.getId();
        String bookname =b.getBookname();
        String author =b.getAuthor();
        String publisher =b.getPublisher();
        String ISBN =b.getISBN();
        double price=b.getPrice();
        Connection conn =null;
        PreparedStatement stm =null;
        String sql = "update book set bookname=?,author=?,publisher=?,ISBN=?,
price=? where id=? ";
        try {
            conn =DBManager.getConnection();
            stm =conn.prepareStatement(sql);
            stm.setString(1, bookname);
```

```java
                stm.setString(2, author);
                stm.setString(3, publisher);
                stm.setString(4, ISBN);
                stm.setDouble(5, price);
                stm.setInt(6, id);
                stm.execute();
                return true;
            } catch (SQLException e) {
                e.printStackTrace();
                return false;
            } finally {
                try {
                    stm.close();
                    conn.close();
                } catch (SQLException e) {
                    e.printStackTrace();
                }
            }
        }
        @Override
        public boolean deleteInfo(String id) {
            Connection conn =null;
            Statement stm =null;
            String sql ="delete from book where id='"+id+"'";
            try {
                conn =DBManager.getConnection();
                stm =conn.createStatement();
                stm.execute(sql);
                return true;
            } catch (SQLException e) {
                e.printStackTrace();
                return false;
            } finally {
                try {
                    stm.close();
                    conn.close();
                } catch (SQLException e) {
                    e.printStackTrace();
                }
            }
        }
        public int deletejudge(String id) {
            Connection conn =null;
            Statement stm =null;
```

```java
        ResultSet rs =null;
        int flag=1;
        String sql ="select flag from book where id='"+id+"'";
        try {
            conn =DBManager.getConnection();
            stm=conn.createStatement();
            rs =stm.executeQuery(sql);
            while (rs.next()) {
                flag=rs.getInt(1);
            }
            return flag;
        } catch (SQLException e) {
            e.printStackTrace();
            return flag;
        } finally {
            try {
                stm.close();
                conn.close();
            } catch (SQLException e) {
                e.printStackTrace();
            }
        }
    }
@Override
public boolean addInfo(Object o) {
    Book b=(Book)o;
    String bookname=b.getBookname();
    String author=b.getAuthor();
    String publisher=b.getPublisher();
    String ISBN=b.getISBN();
    double price=b.getPrice();
    Connection conn =null;
    PreparedStatement stm =null;
    String sql ="insert into book(bookname,author,publisher,ISBN,price,flag)"
            +" values(?,?,?,?,?,?)";
    try {
        conn =DBManager.getConnection();
        stm =conn.prepareStatement(sql);
        stm.setString(1, bookname);
        stm.setString(2, author);
        stm.setString(3, publisher);
        stm.setString(4, ISBN);
        stm.setDouble(5, price);
        stm.setInt(6, 0);
```

```
        stm.execute();
        return true;
    } catch (SQLException e) {
        e.printStackTrace();
        return false;
    } finally {
        try {
            stm.close();
            conn.close();
        } catch (SQLException e) {
            e.printStackTrace();
        }
    }
}
```

13.3.9　用户界面

　　如果登录时选择"权限"下拉框中的"用户"选项时,则进入如图 13-6 所示的用户界面。用户窗体类 UserMainFrame 在 view 包中创建。
　　此界面可以对用户个人信息进行维护,用户可以借书和还书。与管理员界面相似,用户界面包含两个菜单,分别是"个人信息"和"图书信息"。"个人信息"菜单下有一个"信息维护"菜单项,"图书信息"菜单下有两个菜单项,分别是"借书"和"还书"。单击不同的菜单项,在主窗体中加载不同的内容面板,因此 3 个菜单项需要分别添加监听事件。代码可扫描二维码查看。

13.3.10　个人信息界面

　　选择"个人信息"菜单下的"信息维护",主窗体加载学生个人信息面板,如图 13-15 所示。此面板中包含四个标签、四个文本框和一个按钮。单击"更新"按钮,用户可对个人信息进行修改。个人信息窗体类 UserPanel 在 view 包中创建。代码可扫描二维码查看。

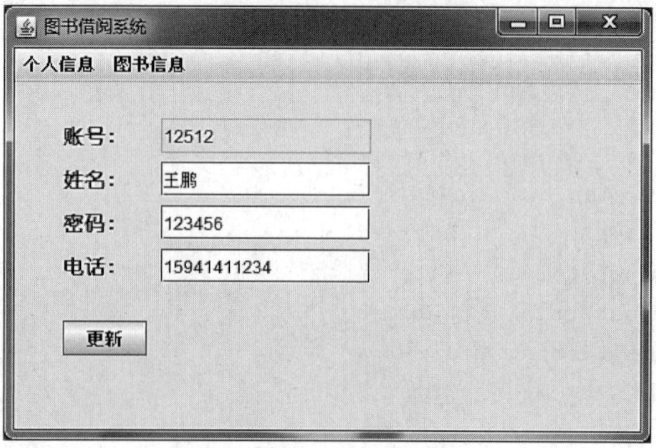

图 13-15　个人信息界面

13.3.11 借书界面

选择"图书信息"菜单下的菜单项"借书",主窗体加载借书数据面板。此界面可以分类查找所有未借出的图书,选择某一本图书后可以进行借书操作,如图 13-16 所示。

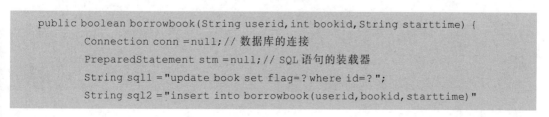

图 13-16 借书界面

(1) 借书面板类 BorrowBookPanel 在 view 包中创建,此面板由 3 个面板构成,上部面板可分类查询没有借出的图书,包含一个下拉框、一个文本框和一个按钮。中部面板用于显示图书,包含一个表格(JTable),JTable 是一个表格控件,用于显示查询到的数据。下部面板用于显示选择的图书信息,包括六个标签、六个文本框和一个按钮。代码可扫描二维码查看。

(2) 在下拉框中选择某一种查找图书的方式,在文本框中输入正确的数据后,单击"查询图书"按钮后会在表格中显示没有外借的图书。单击某一条数据,下部面板中会加载此条数据,如图 13-17 所示。代码可扫描二维码查看。

(3) 如果想借这本图书,单击"借书"按钮。对"借书"按钮添加监听事件,在 BookDao 类中添加 borrowbook()方法,完成借书功能。其实现代码如下。

```
public boolean borrowbook(String userid,int bookid,String starttime) {
        Connection conn =null;// 数据库的连接
        PreparedStatement stm =null;// SQL语句的装载器
        String sql1 ="update book set flag=? where id=? ";
        String sql2 ="insert into borrowbook(userid,bookid,starttime)"
```

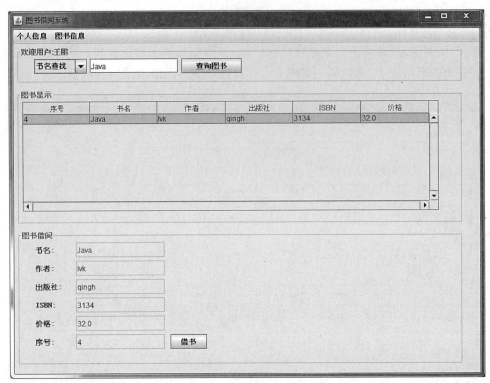

图 13-17　查找未借图书

```
            +" values(?,?,?)";
try {
    conn =DBManager.getConnection();
    stm =conn.prepareStatement(sql2);
    stm.setString(1, userid);
    stm.setInt(2, bookid);
    stm.setString(3, starttime);
    stm.execute();
    stm=conn.prepareStatement(sql1);
    stm.setInt(1, 1);
    stm.setInt(2, bookid);
    stm.execute();
    return true;
} catch (SQLException e1) {
    e1.printStackTrace();
    return false;
} finally {
    try {
        stm.close();
        conn.close();
    } catch (SQLException e2) {
```

```
                e2.printStackTrace();
            }
        }
    }
```

13.3.12　还书界面

选择"图书信息"菜单下的"还书"，主窗体加载还书数据面板。此界面可以分类查找所有已经借出的图书，选择某一本图书后可以还书，如图 13-18 所示。

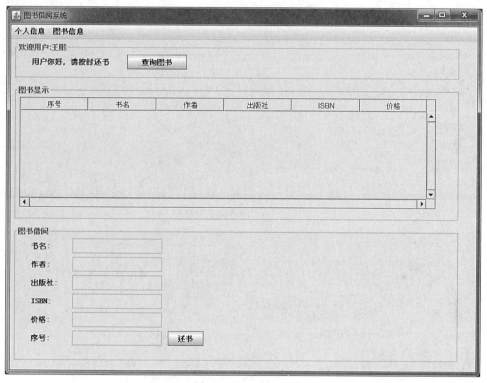

图 13-18　还书界面

（1）还书面板类 ReturnBookPanel 在 view 包中创建，此面板由 3 个面板构成，上部面板可分类查询所有已经借出的图书，包含一个标签和一个按钮。中部面板用于显示图书，包含一个表格（JTable），JTable 是一个表格控件，用于显示查询到的数据。下部面板用于显示选择的图书信息，包括六个标签、六个文本框和一个按钮。代码可扫描二维码查看。

（2）单击"查询图书"按钮后会在表格中显示所有已经借出的图书。单击某一条数据，下部面板中会加载此条数据，如图 13-19 所示。代码可扫描二维码查看。

（3）如果想归还这本图书，单击"还书"按钮。对"还书"按钮添加监听事件，在 BookDao 类中添加 returnbook() 方法，完成还书功能。其实现代码如下。

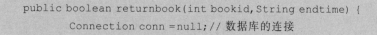

```
public boolean returnbook(int bookid, String endtime) {
    Connection conn =null;// 数据库的连接
```

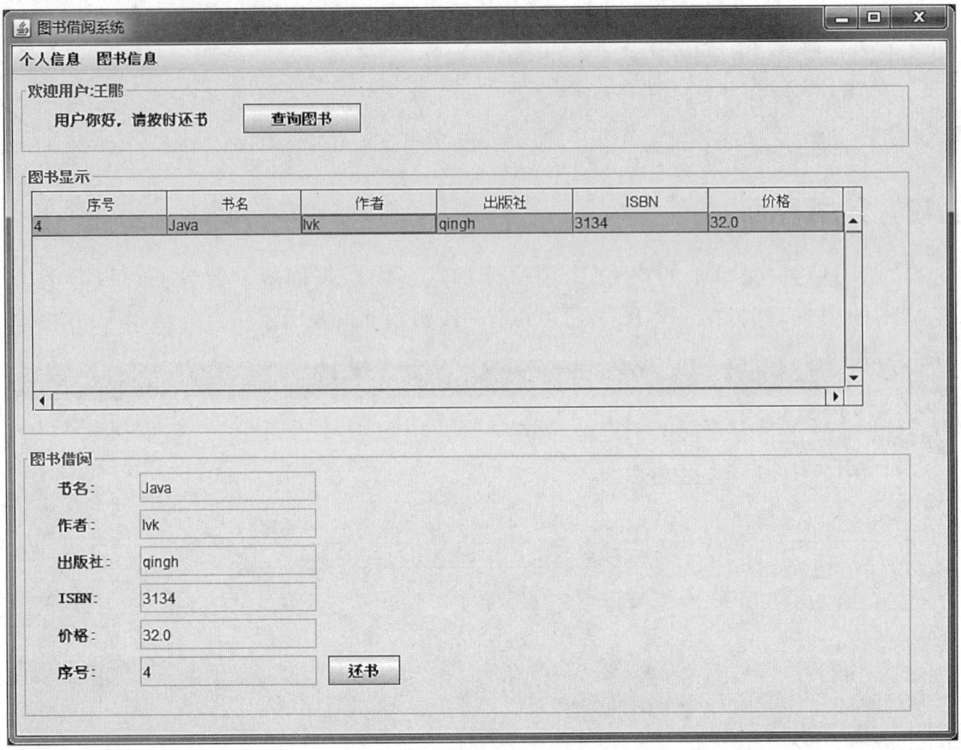

图 13-19 查找还书数据

```
PreparedStatement stm =null;// SQL 语句的装载器
String sql1 ="update book set flag=? where id=? ";
String sql2 ="update borrowbook set endtime=? where bookid=? ";
try {
    conn =DBManager.getConnection();
    stm =conn.prepareStatement(sql2);
    stm.setString(1, endtime);
    stm.setInt(2, bookid);
    stm.execute();
    stm=conn.prepareStatement(sql1);
    stm.setInt(1,0);
    stm.setInt(2, bookid);
    stm.execute();
    return true;
} catch (SQLException e1) {
    e1.printStackTrace();
    return false;
} finally {
    try {
        stm.close();
        conn.close();
    } catch (SQLException e2) {
        e2.printStackTrace();
    }
}
}
```